拜托啦，黏土！

插画风黏土小物制作

胡锦煜 著

人民邮电出版社
北京

图书在版编目（CIP）数据

拜托啦，黏土！：插画风黏土小物制作 / 胡锦煜著
. -- 北京：人民邮电出版社，2019.6
ISBN 978-7-115-51012-9

Ⅰ．①拜… Ⅱ．①胡… Ⅲ．①粘土－手工艺品－制作
Ⅳ．①TS973.5

中国版本图书馆CIP数据核字(2019)第054409号

内容提要

手作，充盈了我们的闲适时光。有趣、新鲜的手工小物，给我们的生活增添了多彩的乐趣。这里就有一本教你制作黏土手工的小书，书中的作品造型可爱，独具清新的插画风格，你一定会喜欢。

本书分为6章，第1、2章是基础部分，介绍了材料、工具及黏土造型、黏土上色、饰物组装等基本技巧。第3章到第6章，分为基础造型、食物、花草、人物和小动物等主题，由易到难地讲解黏土的造型、配色技巧，同时通过各种类型的成品，让大家了解了各类小饰物的制作手法，包括胸针、耳环、项链、便笺夹、冰箱贴和小摆件等。创作心得、设计思路、手工小技巧等内容贯穿其中，可以说是一本精心制作的手工小秘籍。

喜欢手工的朋友们，快来翻开此书，随作者一起沉浸在趣味盎然的黏土手作中吧。本书也很适合家长和手工课的老师阅读，一起引导孩子享受充满想象力的手工创作的乐趣。

◆ 著　　　　胡锦煜
责任编辑　王雅倩
责任印制　陈　犇

◆ 人民邮电出版社出版发行　　北京市丰台区成寿寺路11号
邮编　100164　　电子邮件　315@ptpress.com.cn
网址　http://www.ptpress.com.cn
北京瑞禾彩色印刷有限公司印刷

◆ 开本：700×1000　1/16
印张：8　　　　2019年6月第1版
字数：146千字　　　　2019年6月北京第1次印刷

定价：49.80元

读者服务热线：(010)81055296　印装质量热线：(010)81055316
反盗版热线：(010)81055315
广告经营许可证：京东工商广登字20170147号

献给陪我一起长大的姐姐

写在前面

其实，能出这本书还是挺意外的。我这个人做事随性，闲适时一直游离在做手工和画插画之间，原本也没有打算正式编写过什么。感谢我的编辑，让这本书有缘问世。

手工占据了我业余生活非常大的一部分：初中毕业时，我给自己缝过小背包；高中时，我用大衣的内衬给自己做过一个泰迪熊。还有羊毛毡、热缩片、木工制品等都尝试过。后来，还去中央美术学院学了珠宝首饰设计，对金工、錾刻、雕蜡，冷珐琅等技艺都有了了解。我玩过各种各样的手工，黏土是最近几年我非常着迷的。

说到我与手工的缘分……因为父母比较繁忙，所以小时候很多时间是姐姐带着我。我们最大的乐趣就是做各种手工。那时有一种很便宜的人偶娃娃，我们喜欢用餐巾纸给其一遍遍地做婚纱，还比谁做得更好看。后来姐姐发现用墨水和纸巾可以染出不同的花纹，类似于扎染，于是我们就给娃娃做彩色的有花纹的衣服。在乡下过暑假的时候，我们会去河边找一种茎很长的水草，左折右折，就可以编辫子了。我们还会去村头裁缝的废布筐里翻拣稍微大一点的布头，用针线缝小布袋。我也很喜欢玩泥巴，泥巴都是姐姐调的：挖一些泥土，搓碎，筛掉植物的根茎，和水，最后一遍遍地把软烂烂的泥块摔在地上，直到软硬程度和湿度都合适了，就可以做小雕塑了！小学时我们还有小发明、小手工比赛，我就会拖着姐姐帮我一起构思。那个时候好像特别流行将棒冰棍、易拉罐、塑料瓶子等废物再利用，有趣得很。

有一次我们打算看日出，因为早起实在太痛苦了，所以我们商量整夜不睡。姐姐制定了一个规则，我们一起搭积木，每人轮流在规定的时间里完成一件作品，时间到了要向对方解释自己搭了什么。一晚上的天马行空，让我第一次用积木搭出了那么多东西，直到后来我们都累倒了、睡着了才结束。那是我童年记忆里最漫长而有趣的一夜，虽然最后并没有看到日出。

我总觉得，我的动手能力、想象力和理解能力，很大一部分来自姐姐带着我一起玩耍的那些时光。我真是太幸运了！在后来的日子里，我遇到想做的事情从来不犹豫，多半也是来自于那时就留下的“只要动手就能做好”的心理暗示吧。

说回到黏土，我觉得黏土与其他手工相比有超高的“性价比”！容易上手，同时表现力超强，易塑形又耐保存，坚固又轻质，集各种优点于一身！无论你想做光滑表面还是陶瓷质感，自然风或是童话风，黏土都能完美展现，非常适合作为我们想象力的载体。另外，我觉得黏土有一个特性和水彩很相似，就是需要有对水的控制力。控制好了黏土的湿润程度，它就会乖乖听话，在你的手下慢慢变幻出你想要的样子。

这本书集合了各类主题的黏土小物手作，在一定程度上反映了我的一些设计理念。其实也不是什么高深的概念，就是可佩戴的生活小物，美的、可爱的、有趣的，形式也不拘泥。希望这本小书可以给你的手工制作带来一些练习的方向和灵感。

目录
Contents

第 4 章

今天会很新鲜——食物主题趣味小物

第 5 章

今天要很优雅——花花草草主题小物

第 6 章

今天非常可爱——人物和小动物

Beryl ♥

第1章

准备好材料与工具

我刚开始做黏土的时候并没有用到很复杂的材料，只有石粉黏土和水、颜料这些基础材料，塑形基本都是用手指而已。如果你决心开始玩黏土，准备好黏土和颜料就可以开始了！当然，为了更加精致的效果，我也慢慢更新了工具，这里都会一一介绍给大家。 总之，千万不要被繁琐的工具和材料吓到，这些都是参考而已，最重要的还是一颗“蠢蠢欲动”的心和一双小“胖”手！

1.1 黏土材料及制作工具

黏土材料介绍

石粉黏土

石粉黏土是一种常见的黏土材料，干燥后质轻而坚硬，可通过打磨使成品线条柔和，常常被用作手办制作材料。

我自己用的是日本的La Doll品牌黏土，它有三种细分黏土，我三种都用过，使用起来都挺顺手的，只是做不同作品选用合适的黏土。

↘ 石粉黏土

普通的石粉黏土密度最大，通俗地理解就是相对沉一点。如果作品想要厚重一点的质感可以用这款，比如本书中的小房子便笺夹用的就是普通的石粉黏土。

↘ 轻量石粉黏土

字面上理解就是密度小、重量较轻的石粉黏土，基本上是最常用的黏土，可以很好地塑成徽章、人偶等造型。

↘ 高级轻量石粉黏土

这个是最轻的黏土，质感也很细腻，非常适合造型比较夸张但不笨重的饰品，比如本书中的花束系列和多肉系列。

制作工具介绍

基本工具

↘ 垫板

做黏土手工时并不需要用刀裁切，所以对垫板并没有很高的要求，只要平整易清理就可以了。软性硅胶垫是最好的选择，万一水加多了使黏土黏在垫板上，等稍干一些也可以很容易取下。普通的透明磨砂塑料板也可以使用。反而其他手工常用的带刻度的那种垫板很不好清理，不太推荐。

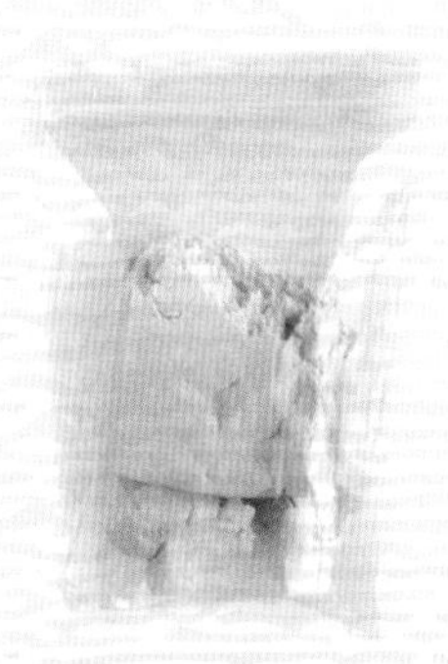

↘ 密封储存袋

用来储存未用完的黏土，防止干裂。

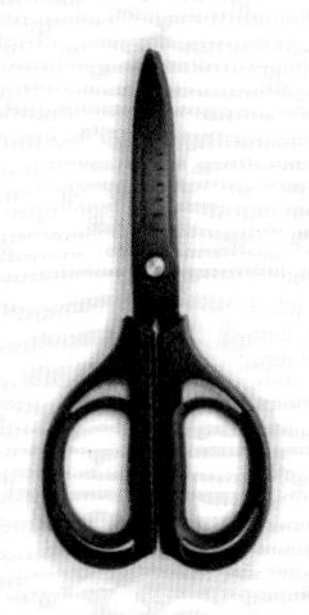

↘ 剪刀

在做薄片的时候剪刀是最方便的工具。

↘ 小水罐

黏土是很容易干的。开封的黏土一定要拍水之后密封保存。制作的时候也要注意适时给黏土拍些水，不然很容易出现干裂、断开这样的情况。在需要黏合的地方也要用水，两边都软化到糊状再黏合。

塑形工具

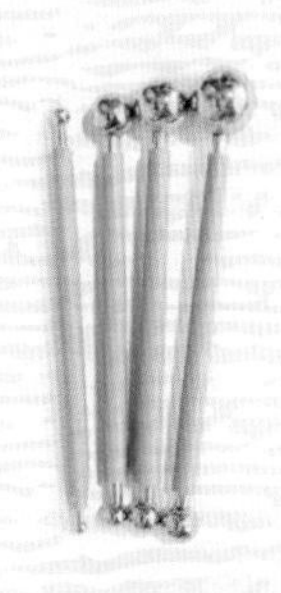

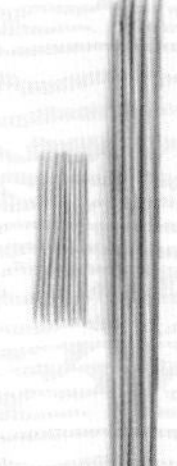

竹签/牙签

可以做细节的刻画和调整。

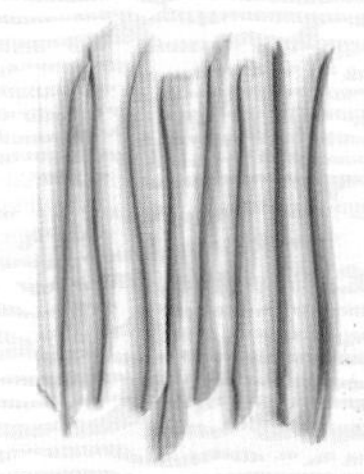

球形笔

可以帮助做出完美的球形弧面和凹槽。

塑形笔

其实市面上塑性笔很多，也不用太花哨，准备一些常用的形状就可以了。

压痕笔/点钻笔

做眼睛、点文字的时候很好用。

打磨工具

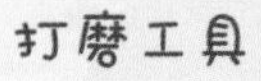

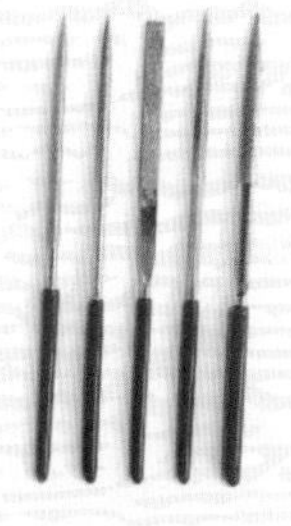

金刚石锉刀

在黏土初步塑形晾干之后需要二次刻画时使用。有时候是第一次塑形没有做好，有时候是一些形态很难在软软的材质上表现（比如锋利的直角），所以就需要用锉刀来修形，非常实用！黏土是很容易塑形的材质，所以不用买非常贵的锉刀（做金工的钢锉就很贵），但是形状要全一点，至少要有弧面、三角、细圆柱三种形状。

砂纸

修形的最后一步，用来将作品打磨平整。砂纸有目数之分，目数越小的越粗糙，我们可以准备80目、240目和600目的砂纸。先用80目的打磨，然后再看要不要用更细的砂纸打磨。毕竟黏土再怎么打磨也不会反光的，就不用准备目数更高的细砂纸啦！

清理毛刷

在打磨之后用来清理作品表面多余的石粉，也可以用来清理工作台上的石粉。我一般用便宜的化妆刷或者洗脸刷，毛毛多一点儿，细软一点儿就可以。

1.2 绘画工具

上色工具

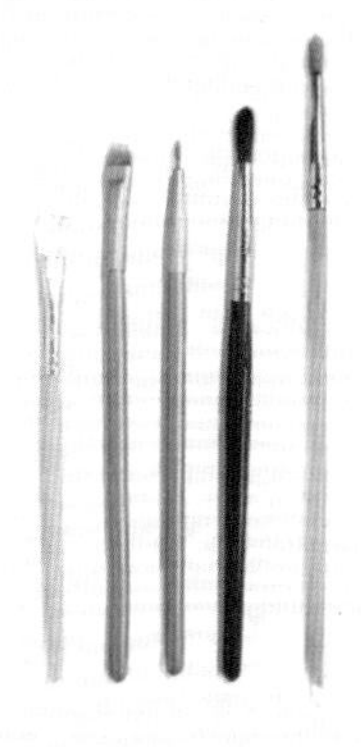

↘画笔

可以用毛笔、尼龙笔等水彩用笔。笔号不用太大，因为需要大面积上色的情况也不是很多，刻画细节的地方一定要用笔锋聚锋比较好的笔。

↘小化妆刷

用来上粉质颜料，比如腮红、眼影一类。

↘刷子

用来上保护漆的小刷子。这里必须说明，保护漆是很难清洗的，我找过清洗的方法，但是都太复杂了，所以建议大家多买一些便宜的小刷子，专门用来刷最后的保护漆。

颜 料

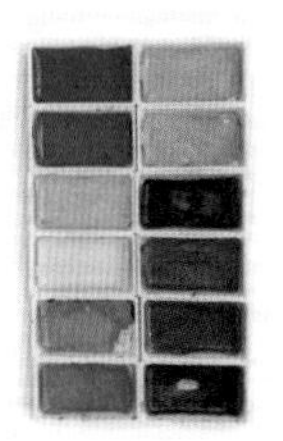

↘调色盘

调色盘最好用的还是这种大大的陶瓷盘子，也可以直接用陶瓷碟。

↘水彩

水彩我最习惯用的上色颜料。其实水粉也可以使用，水粉的遮盖力会强一些。如果有些地方需要颜料厚实一点儿，除了改用水粉，也可以使用水彩调和。我会用调好的水彩加一些石粉，画出来跟水粉颜料的效果差不多。

↘创意质感材料

我常常使用一些美甲用的小亮片或者便宜的舞台妆眼影，还有一些小珠子，做出很独特的质感，搭配上色使用。

保护漆类材料

↘透明光油

上了光油之后的黏土作品很有光泽，会有陶瓷质感。

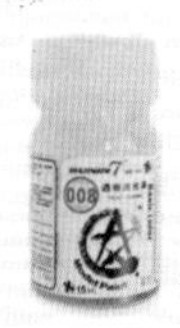

↘透明消光油

亚光效果的，看个人喜好。

1.3 饰品配件及组装工具

饰品配件

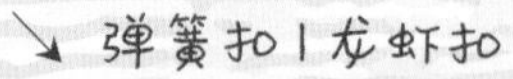

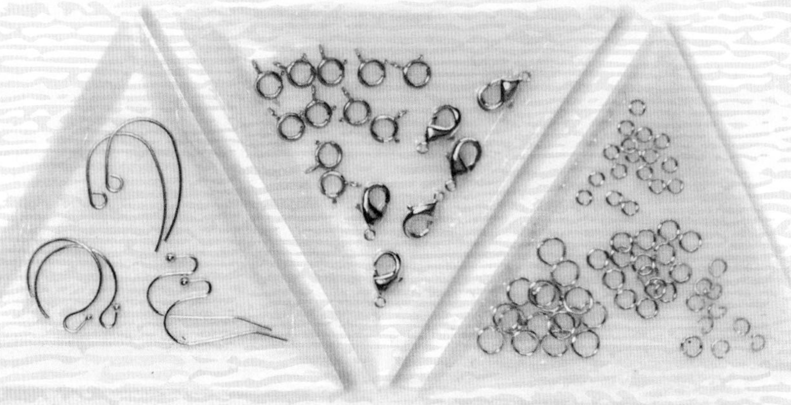

↗ 各种耳环耳钩

↗ 各种型号的圆环

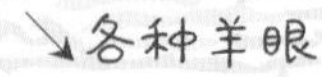

↘细链子和延长链

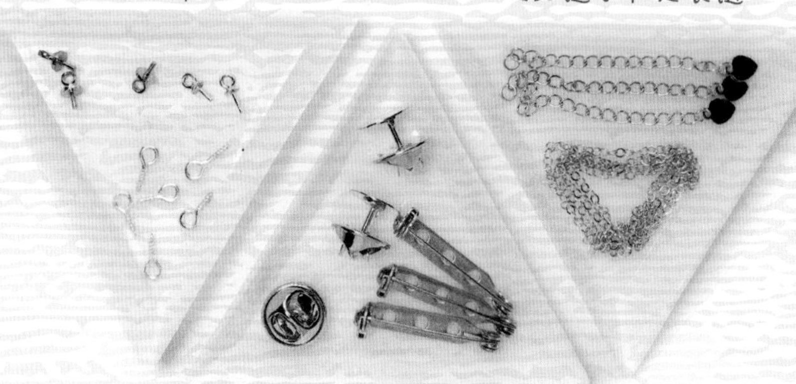

↗ 领扣 / 胸针底托

组装所需工具

胶水

用黏度强的万能胶，黏合作品和配件。

尖嘴圆头钳

用来给铁丝塑形，绕圆环之类的。

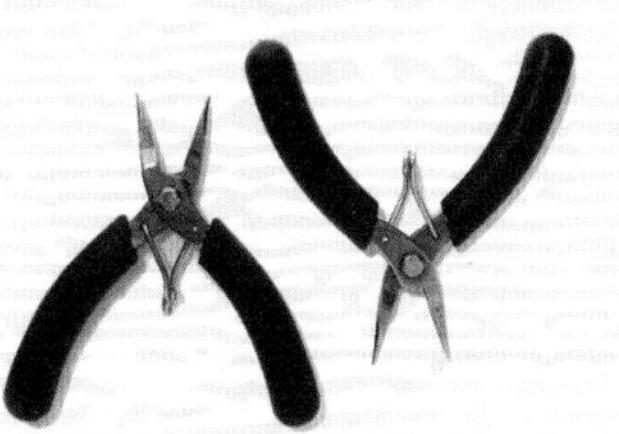

尖嘴平头钳

用来开合圆环，连接配件。

这一章是预备课程，其实很简单，就是帮助大家回忆小时候是怎么捏橡皮泥的，那是我们最早接触过的最基本的塑形训练了。悄悄告诉你，这一章里出现的小案例，有我日常最喜欢佩戴的耳饰。我常认为人们对一件小物的喜好与否其实跟作品复杂程度无关，更多的是风格。

2.1 石粉黏土基础塑形技巧

塑形是最基础的步骤，也是最能体现作品风格的。我通常都是用手来塑形，如果遇到非常精细的部位会借助工具，在需要平面和直线塑造的时候会用亚克力板和剪刀。手工塑形工具五花八门，其实用什么工具、怎么用，都是个人习惯，有不少手工作者喜欢做非常严谨的作品，非常规整干净，但我个人做的东西比较像手绘的感觉，稍微有点儿随性。

总之，黏土手工可以说是一种微型雕塑，塑造、组合的方式千奇百怪，自我作品创造和美化会比“做的和案例很相似”重要得多。这本书里的很多作品，有不少也是我第一次尝试，包括一些饰品的制作和搭配，在随性地尝试中自己的风格会渐渐显现。

基础塑形

方形

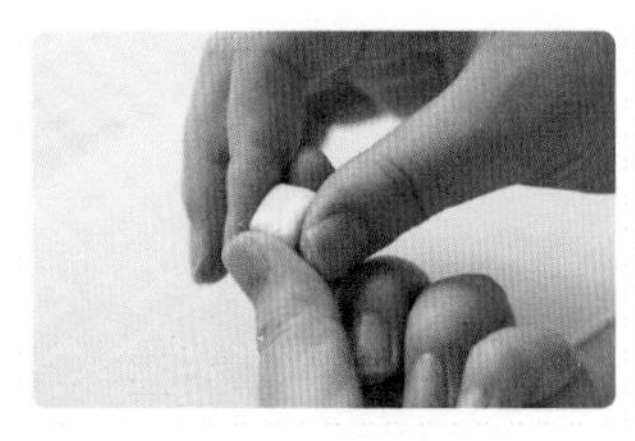

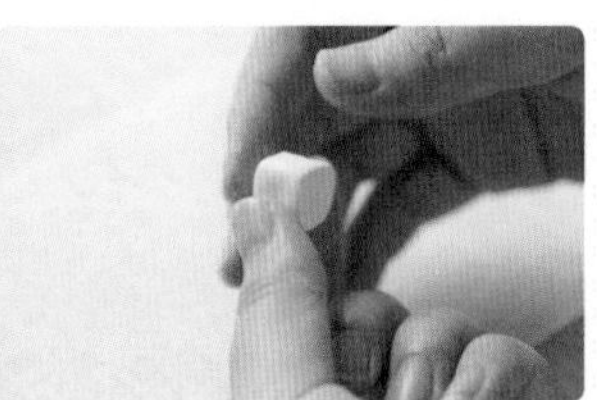

1 用双手的食指和拇指在六个面轮换着对捏。

2 注意力道，不要把平面捏凹进去了。

3 然后可以轻轻按压每个面，让面更平整。

片状

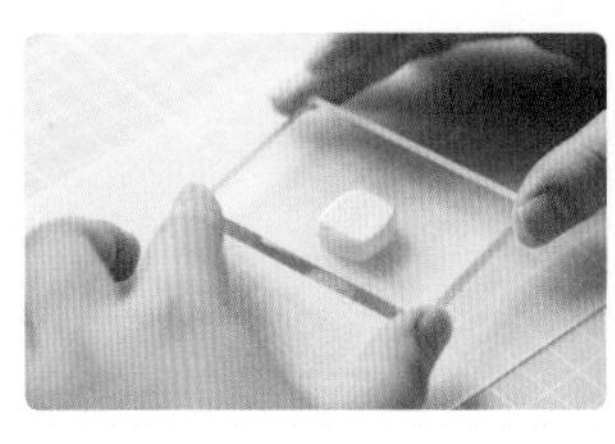

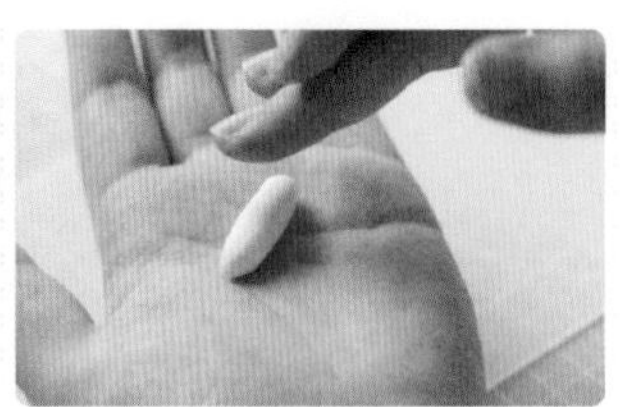

1 片状的塑形可以用擀面似的方法，也可以直接用亚克力板压。我比较喜欢用亚克力板压，它是透明的，我们可以边操作边观察黏土的形状和状态。

2 需要条形片状的话，也可以用亚克力板滚搓。用手指指腹直接在手心搓出长条会不太规则，不过在捏面包造型的时候就可以用这样的方法，反而更加自然。

3 轻轻压扁就可以得到长条黏土片。

亚克力板是很好用的工具！塑造规则形状的时候，这种小亚克力板会非常实用。

简单造型塑造

直线造型——小房子的基础塑造

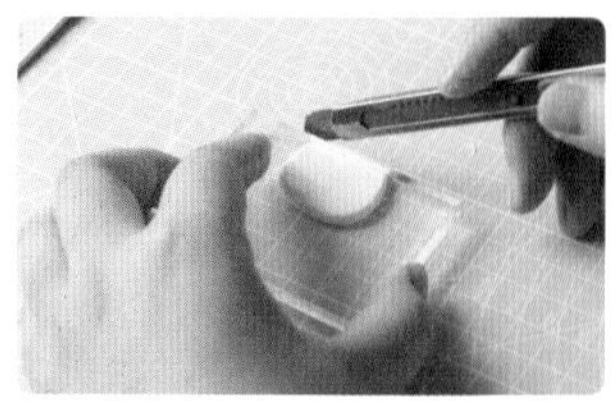

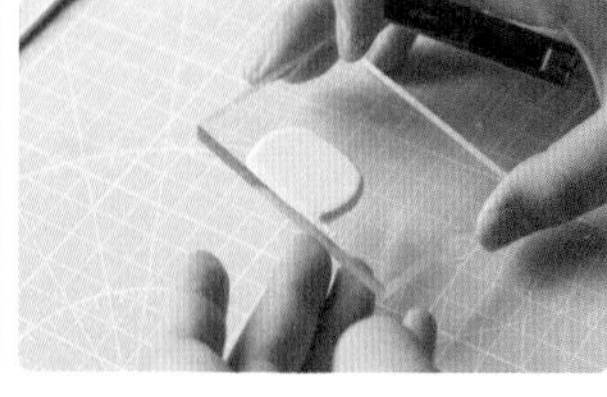

1 当我们需要一个规则的方形的时候，靠手指是很难捏的，要用刀切割出边线。

2 初步切出我们想要的形状。

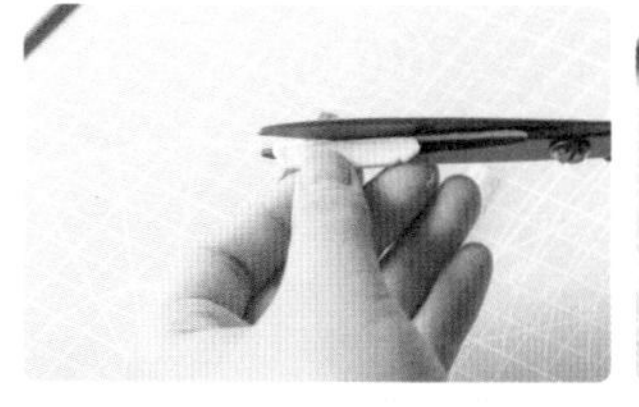

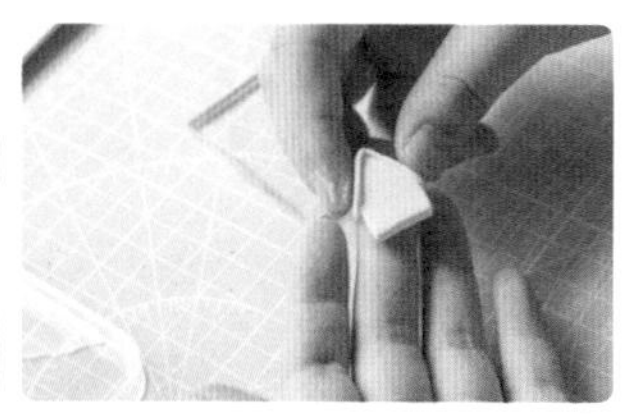

3 压出一个长条黏土片，用剪刀修剪形状如图。

4 屋顶与房子黏合。做黏土的时候，两个部分之间的黏合只要趁湿加水就可以，但是不要加太多，否则会让黏土软下来破坏原来的形状。加适量水之后稍微摩擦一下，黏性就很强了，捏一捏就可以合二为一了！

5 黏好屋顶之后还可以压平整。

虽然有很多木质的塑形工具，但实际上还是美工刀最好用。还有一种做陶艺的带铁片的刮刀也可以，不过要小心使用。

球状造型——做一个小橘子吧！

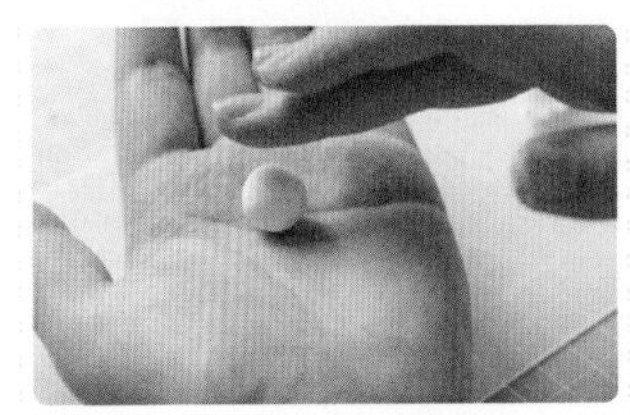

1 先在手心揉一个球。

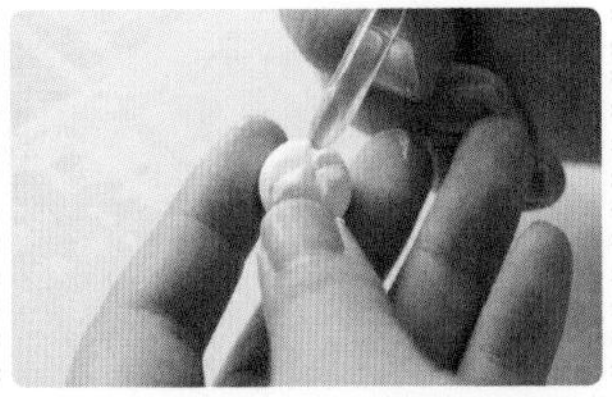

2 用笔杆或者木刀做出靠近花蒂表面的褶皱形状。

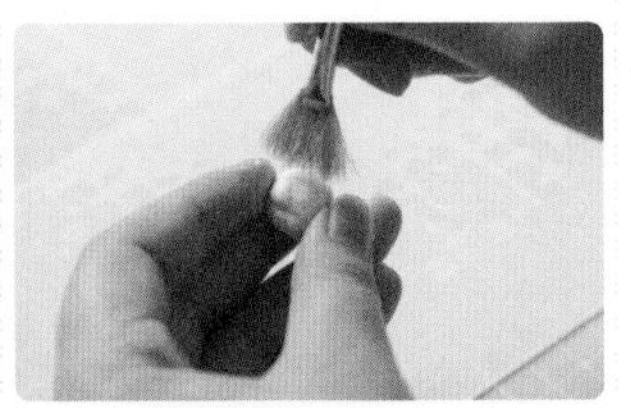

3 用硬一点的毛刷或者画笔戳出橘子皮表面的质感。这样的方法在做迷你寿司之类的食物时非常实用，如果需要更明显的纹理的话，还可以用旧牙刷。

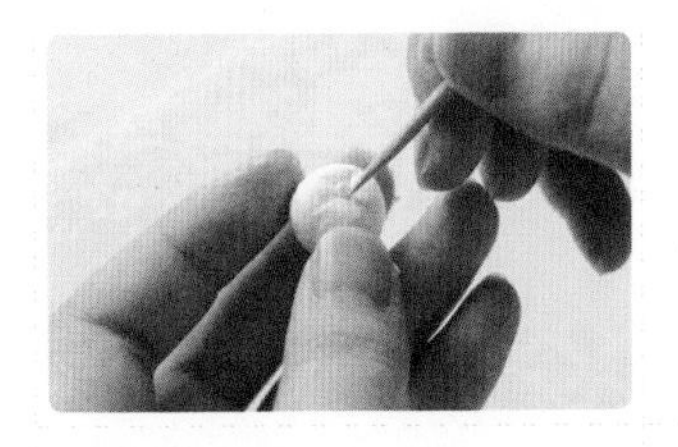

4 捻一个小小的花蒂，用小竹签按上去。

如果做的时候黏土表面有点开裂，可以用小喷瓶喷一些水。

常见的不规则小造型

花瓣怎么做

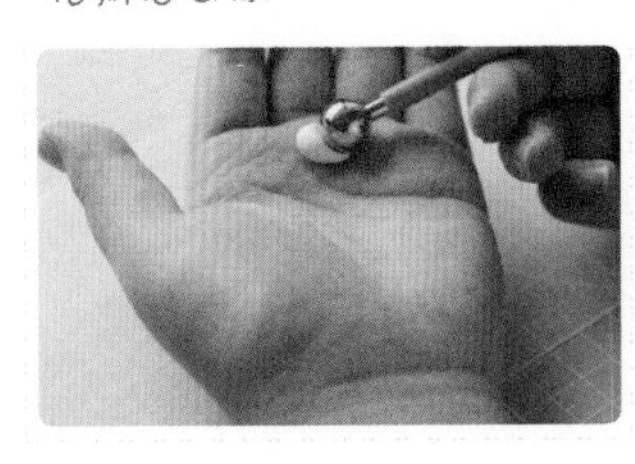

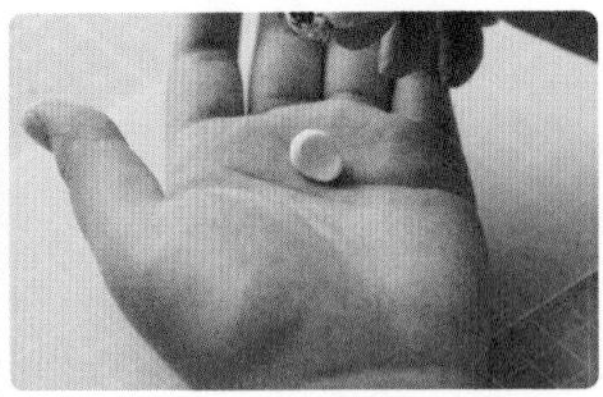

1 ~ 2

用球形笔直接在手心按压黏土，可以做出完美的“碗”形。这种方法在做花瓣一类造型的时候常常使用。

用梳子做特殊纹理

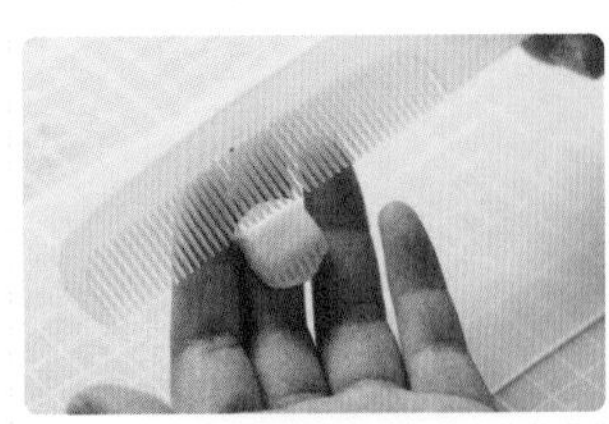

可以借助其他工具塑造特殊纹理，比如用梳子的梳齿压出条纹。

2.2 石粉黏土上色技巧

用水彩给黏土上色和水彩绘画的基本原理差不多。黏土有一定的吸水性，用水彩上色避免不了有痕迹，很难做到颜色均匀。但是水彩的混色效果是其他方法很难实现的，我还是挺喜欢水彩的质感。也有不少人习惯用油画颜料、丙烯或者色粉棒上色，大家都可以尝试。

另外，水彩干了之后会显得色彩不是那么鲜艳，后续上保护漆会让颜色变得亮眼。

下面我会用几个小案例把混色、匀色和转印的方法告诉大家。

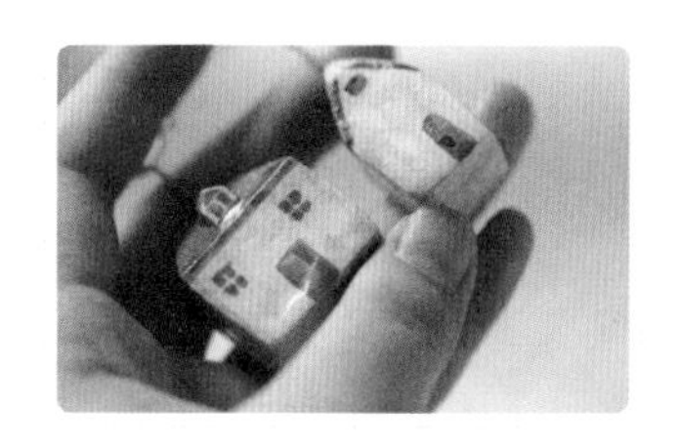

我觉得水彩干后的印迹本身就很像老房子的泥墙的感觉。

立体造型上色技巧

混色

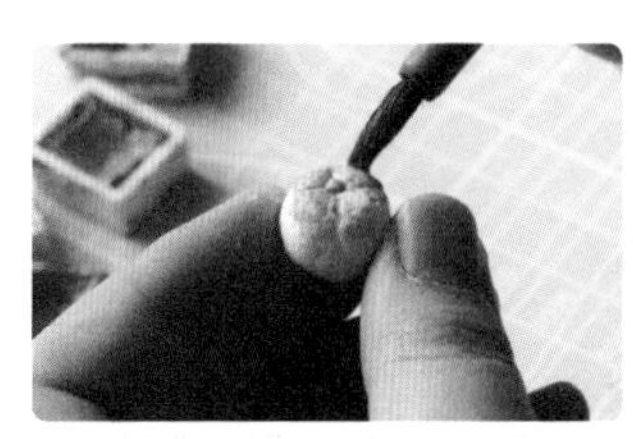

1 像小橘子这样的立体造型球体，要一瓣一瓣地上色。

2 先铺底色黄色，和画水彩一样，要先铺大色，上色顺序也是从浅到深。

3 向中心混入橘红色。

4 再混些青色。

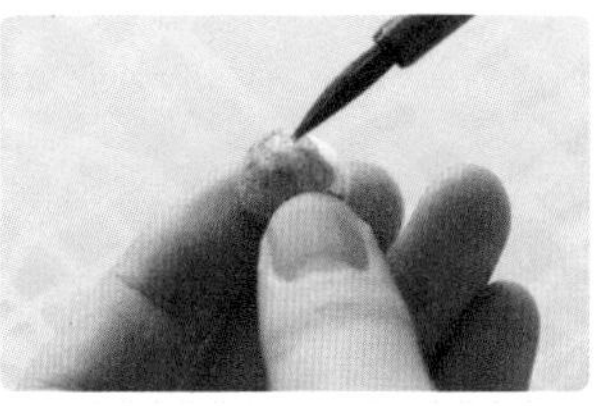

5 等到上半部分完全干了才能画下半部分，交接的地方完全不用担心，画上两三笔就很自然地融合了。

平面造型上色技巧

我们的作品中可能很少出现完全的平面，但只要是有一定面积的，趋于平面的面，我们就可以按平面上色来操作。

匀色

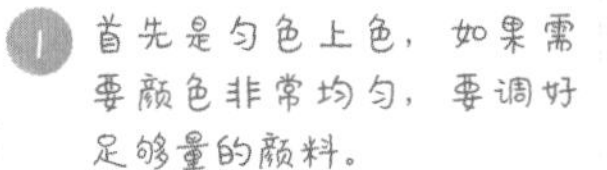

1 首先是匀色上色，如果需要颜色非常均匀，要调好足够量的颜料。

2 笔的湿度也要控制得刚刚好，因为需要一气呵成，不能停下来给笔尖补水。

3 一口气画完一个平面，就可以画得比较匀。注意上色层数不能太多，三次以上就很容易画坏了。也是要等一层完全干了再画第二层。

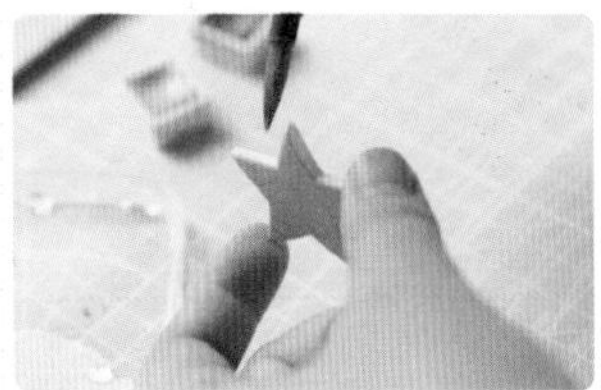

4 平面干了之后小心地画侧面。

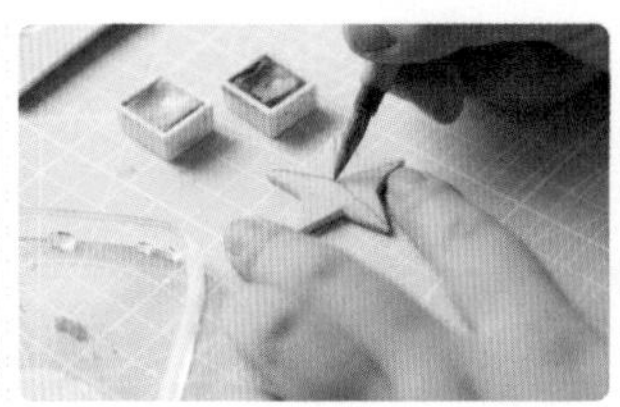

5 开始画细节。先勾线。

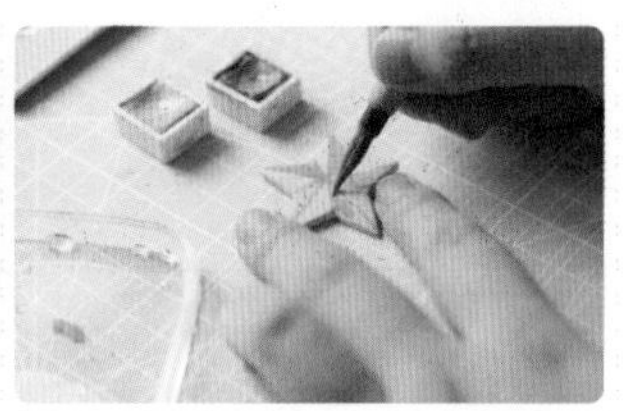

6 尽量迅速地填充色块。

7 画好啦！

8 因为是星星，我还加了一点儿细细的亮闪闪的眼影。

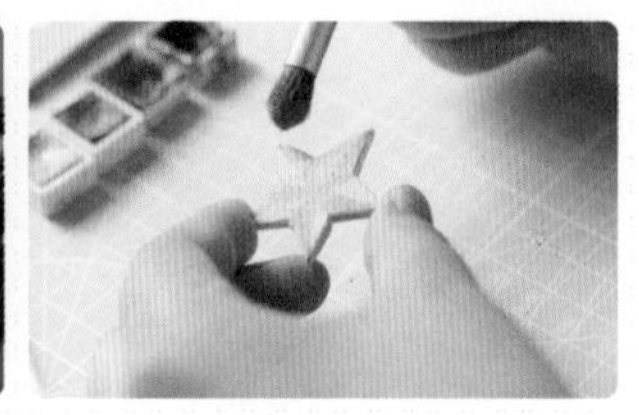

9 在颜料完全干了之后闪粉是很难黏上去的，所以要均匀地喷一点水。表面稍微有些潮湿就可以，千万不要多，不然容易掉色。最后用毛刷轻轻地上一些金色眼影就好了。

转印

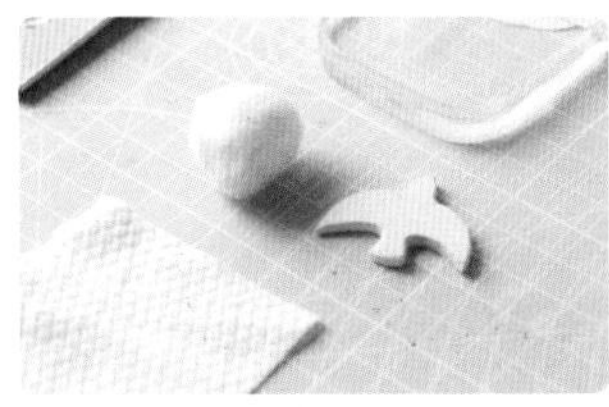

1 小白鸽上色，我们用转印的方法。可以使用棉球。

2 先把棉球吸满水。我用的就是普通的医用棉球，吸水效果比较好，药店里都有卖。

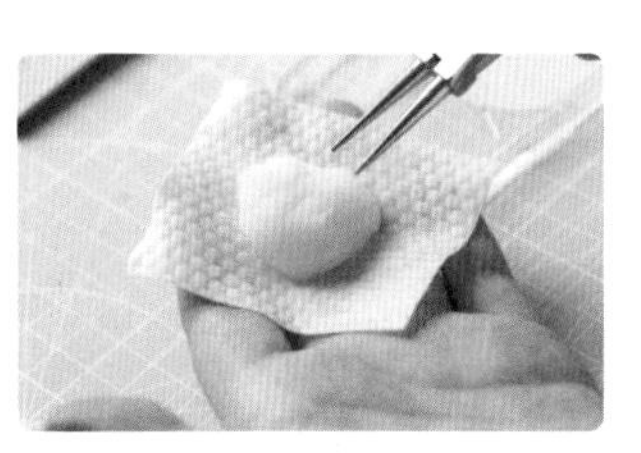

3 把棉球裹在一张纸巾里。这里用化妆棉也会有比较好的效果。

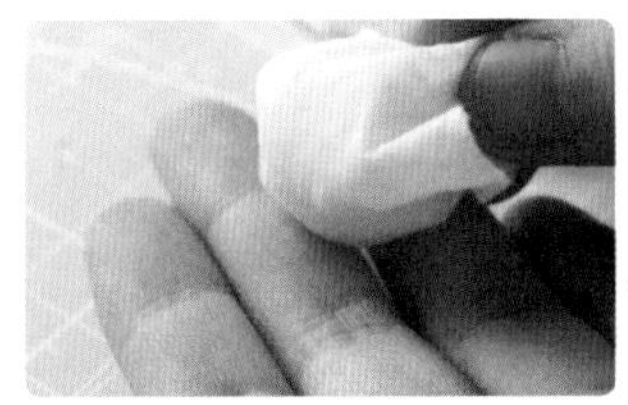

4 根据需求挤掉多余的水分。

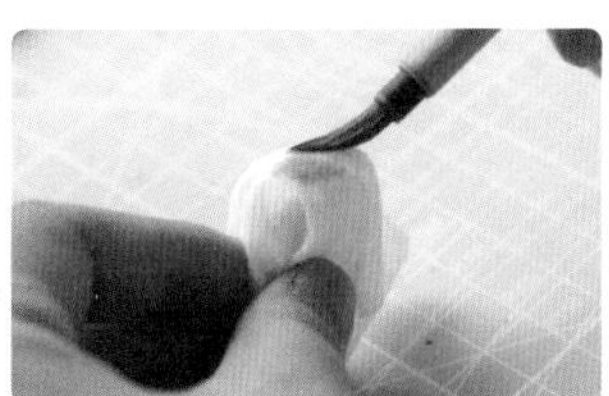

5 用毛笔把需要的颜色涂在纸巾的表面。

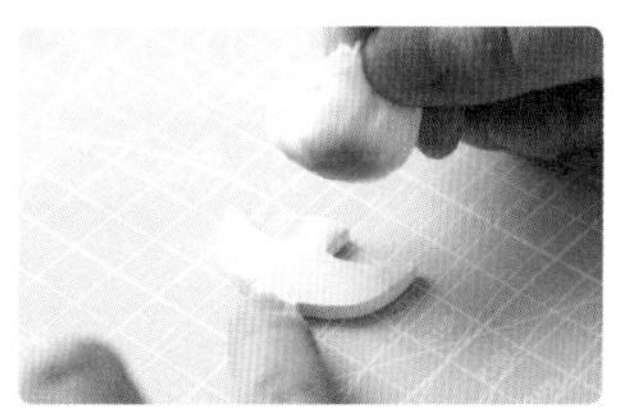

6 我想要的是天空的效果，就根据感觉开始在白鸽的表面拍。

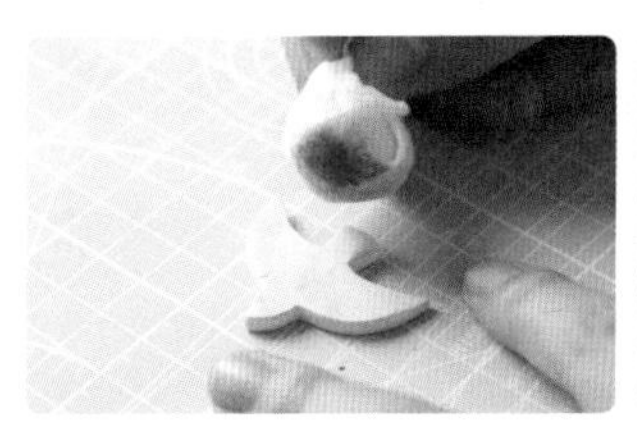

7 想要颜色稀释一点的话，可以稍稍用力挤出一点点水分。总之水量的控制比较微妙，但最终效果很有天空的质感。

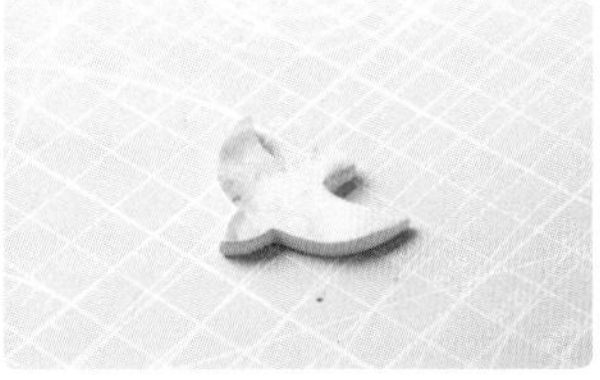

8 好啦！整个过程不需要来来回回拍很多遍，水一旦多了就会影响原本的塑形。

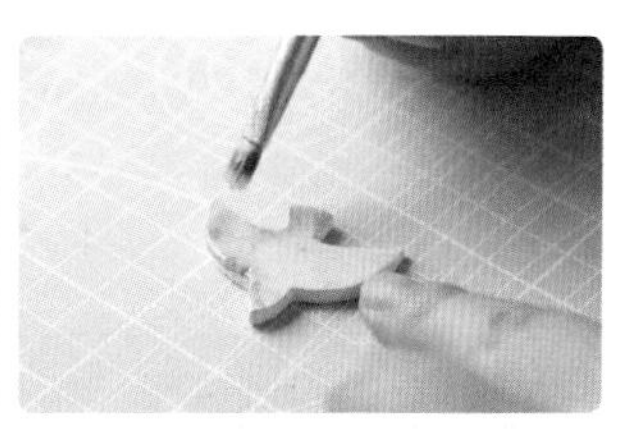

9 最后平涂光油。

最后的整理

1 看一下闪粉的细节。

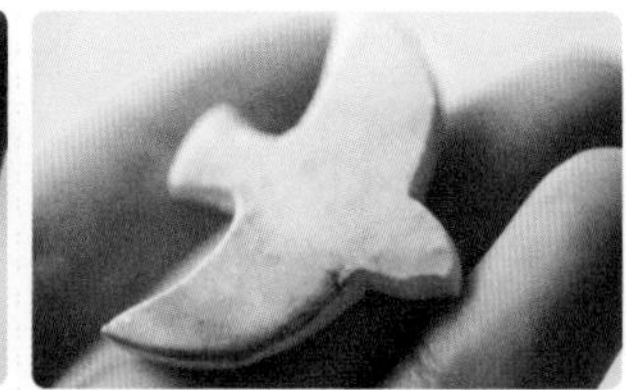

2 看一下天空质感的细节。

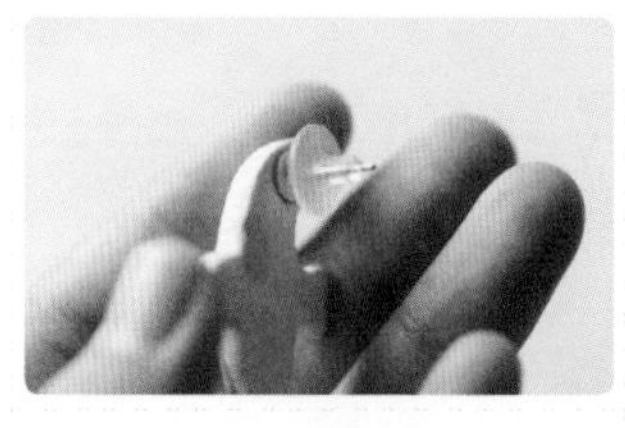

3 背后随意安个耳钉或者胸针就可以戴啦！

4 成品！我还蛮喜欢这一对的，虽然简单但挺大方的。我还给星星黏了个小毛球，现在它是我最喜欢戴的耳钉之一。

2.3 其他技巧

打磨技巧

进入打磨环节的一定得是完全风干的黏土作品。我一直觉得打磨这一环节在黏土手工里并不是必要的，一般在塑形阶段我就会处理好表面的纹理。通常是遇到一些表面有瑕疵，或者需要一个平整的面的作品时我才会用到打磨。如果非常执着于表面的光滑平整的话，可以购买模型砂纸，这种砂纸背面有海绵，可以用来打磨曲面。

1 首先要把砂纸剪成适合的大小。

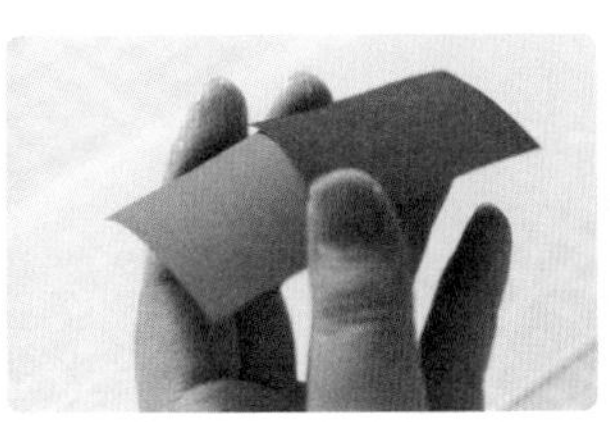

2 砂纸有粗细，从粗到细使用。黏土不是硬质的东西，一般用 240 目的砂纸打磨即可。

3 打磨平面可以把黏土按在砂纸上打圈。

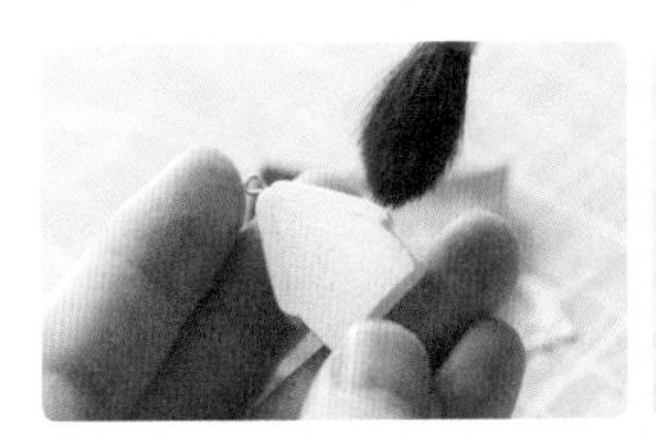

4 粉末太多的话可以用毛刷刷一下。

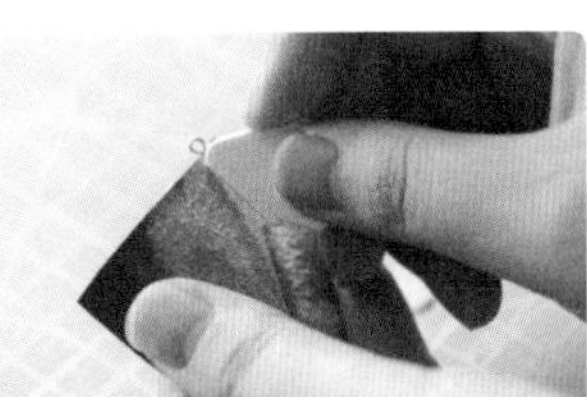

5 打磨细节。

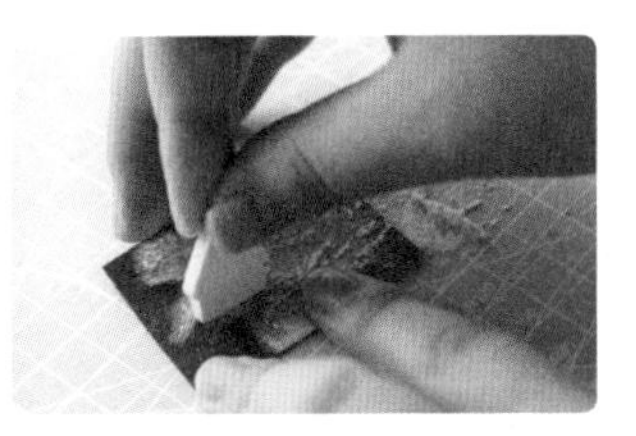

6 底面也要打磨平整。

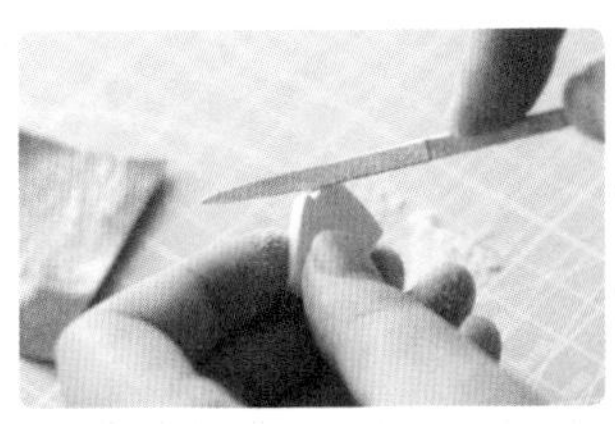

7 一些棱角比较分明的地方，可以用小的锉来加强线条。

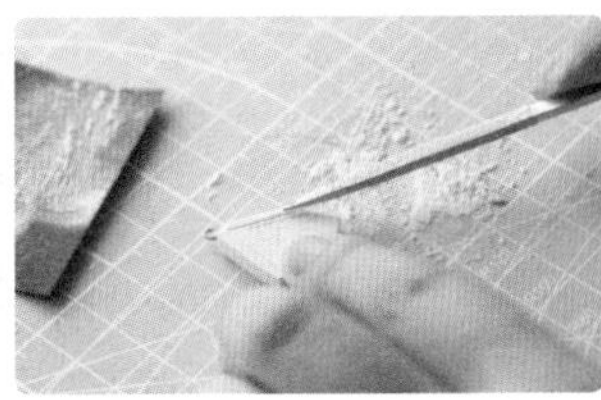

8 加深小房子的屋顶边界。

9 一个平面小房子就打磨好了。

封油技巧

封油，也就是"刷漆"，简单操作就是把漆均匀地刷上去，但是刚刚开始可能会刷坏很多，因为漆没有完全干的话就像一层胶水一样，不小心粘到手上就会前功尽弃。一般有光油和消光油两种选择，可以根据作品想呈现的质感决定。不过根据我的经验，消光油也有点亮，但没有光油这么亮。光油的效果就像上了一层釉，所以黏土上光油看起来会有陶瓷的质感。

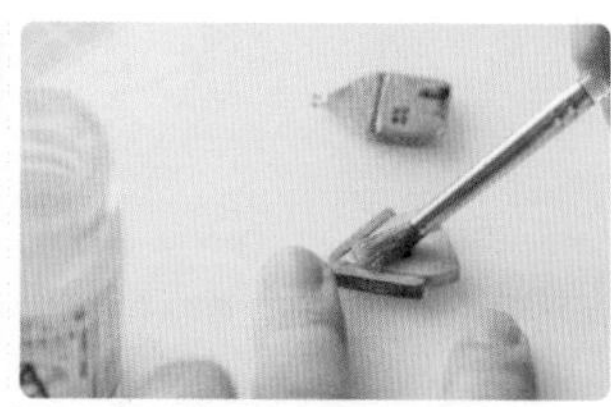

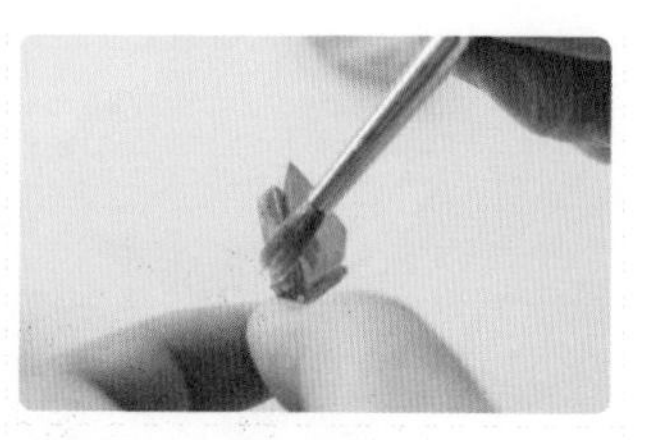

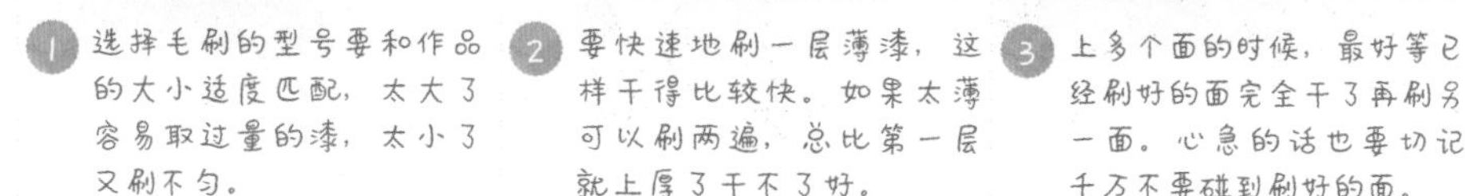

1 选择毛刷的型号要和作品的大小适度匹配，太大了容易取过量的漆，太小了又刷不匀。

2 要快速地刷一层薄漆，这样干得比较快。如果太薄可以刷两遍，总比第一层就上厚了干不了好。

3 上多个面的时候，最好等已经刷好的面完全干了再刷另一面。心急的话也要切记千万不要碰到刷好的面。

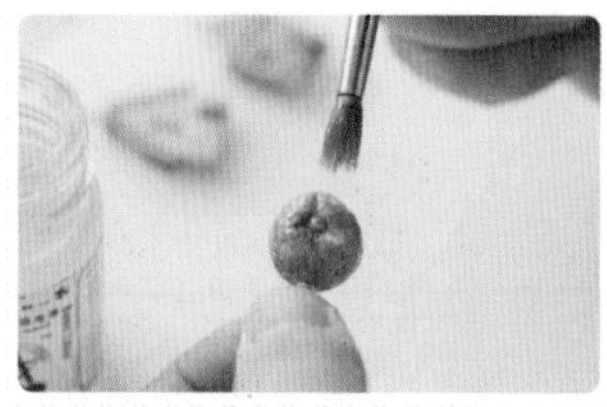

4 可以捏着吊环上漆。可用小电扇吹，加快风干。

5 全身上了漆的黏土小物，在风干的时候，可以套在细棒子或者镊子上，棒子另一头插在笔筒或者其他可固定的位置。

安装技巧

安装其实是附加技巧，一般玩过串珠之类的手工的话就不会陌生了。其实黏土作品做完之后就成了一个小配件，怎么搭配组合就看自己的心意啦。我觉得安装主要就是掌握好尖嘴钳和强力胶水。我用的配件都是包金的，建议大家用好一点的配件，其实也不会太贵，但是差的配件会很快掉色生锈，因此破坏了自己的黏土作品，会很心痛。

羊眼（小吊环）安装方法 1

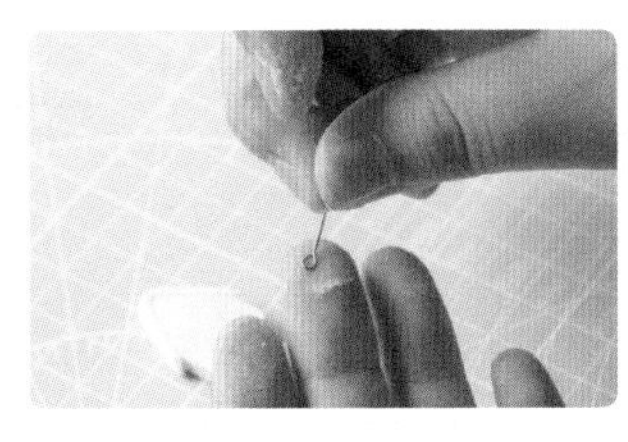

1 事先决定好要装小吊环的话，在塑形的过程中就要安装了。准备一枚 9 字针。

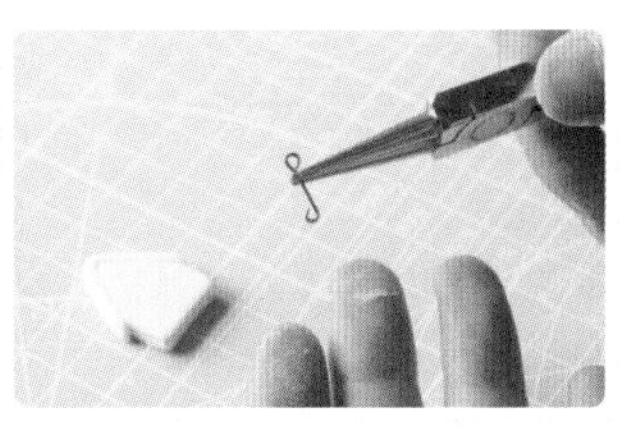

2 在另一头随意卷个形状。这样在黏土里面比较好固定。

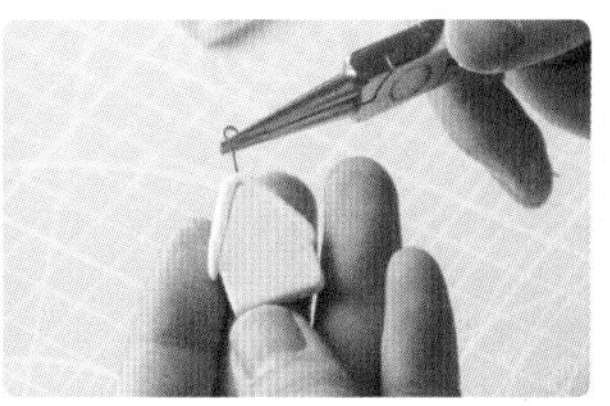

3 直接嵌入黏土，当然不规则的一头朝下。

4 恢复一下黏土的造型。

5 再调整一下细节，等着干就可以啦！

羊眼（小吊环）安装方法 2

如果是一个已经完成了塑形又风干了的黏土小物件，突然想把它挂起来，那就要用另一种方法。

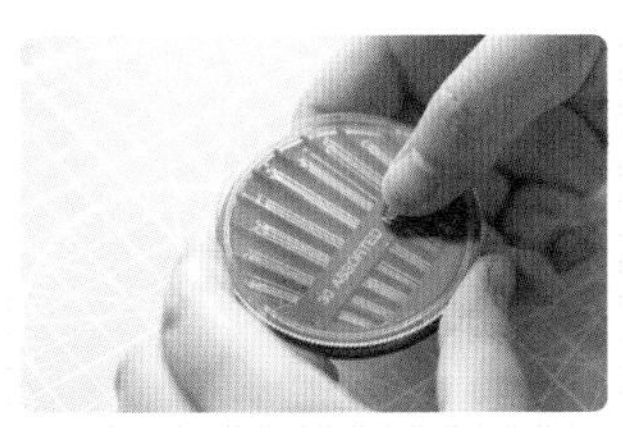

1 先找一根比较粗的针。

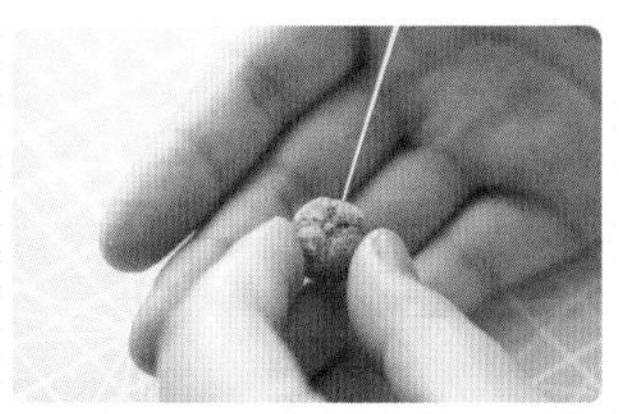

2 找准位置插入黏土，压出一点空间给羊眼扣。

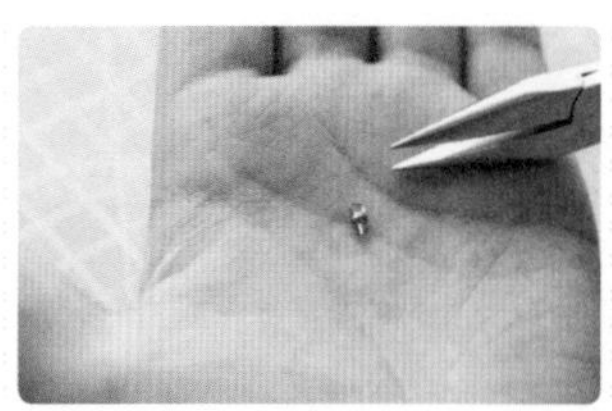

3 拔出针之后，取一个羊眼扣试一下位置。

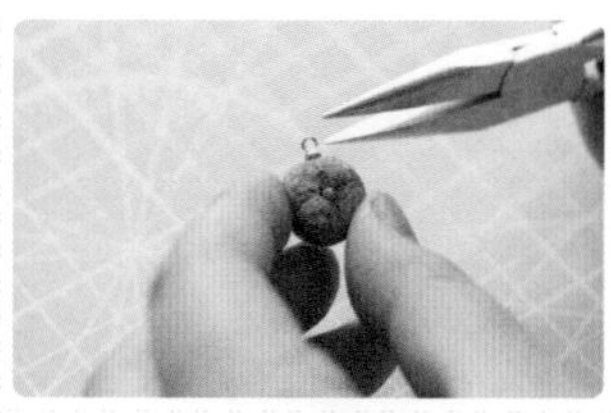

4 然后在羊眼扣上点上一点儿强力胶，黏进去就好啦。注意圆环的朝向。

配件连接方法

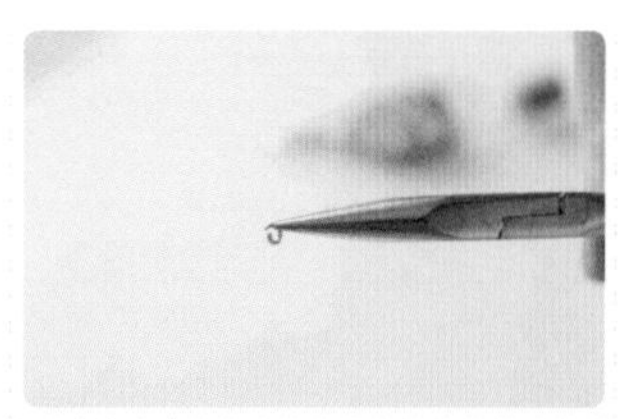

1 小圆环的开合是基本技能。我用的圆环尺寸都比较小，大家可以根据需求来选，直径3mm~5mm的圆环是比较常用的。

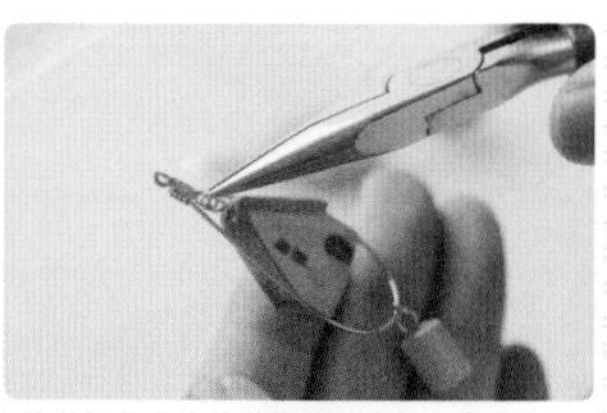

2 把黏土小房子连接到水滴形的配件上。

3 然后用同样的方法接上耳钉。

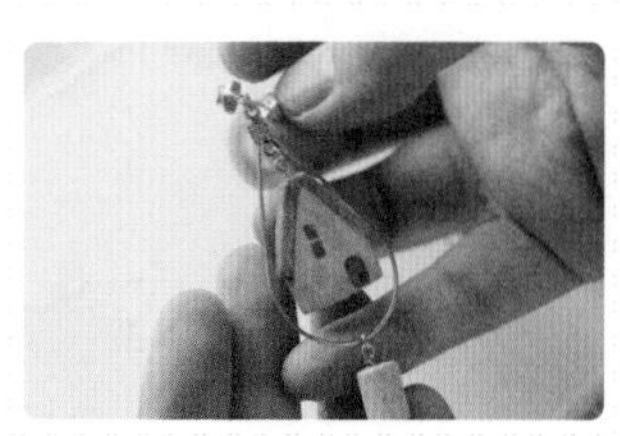

4 下面的珠子是我找的陶瓷珠，觉得颜色很好看就拿来搭配了。

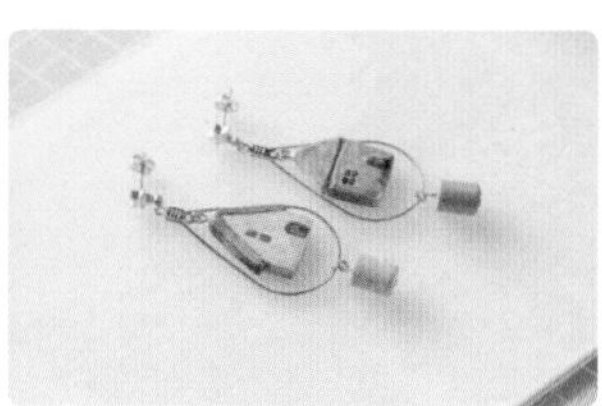

5 小耳环做好啦。

手链/项链连接方法

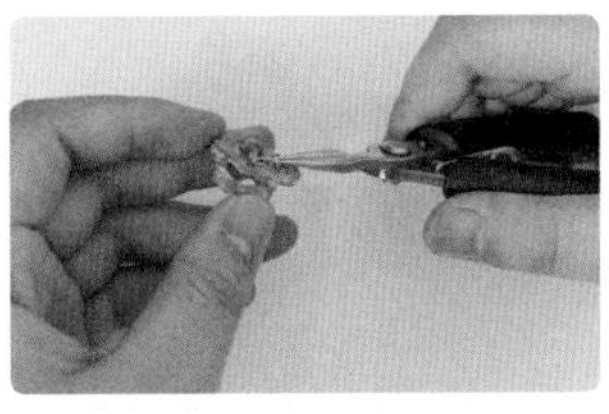

1 除了用圆环悬挂之外，我们还能直接在黏土的背后装上固定环，将金丝卷好形状，然后用强力胶粘上去就可以啦。

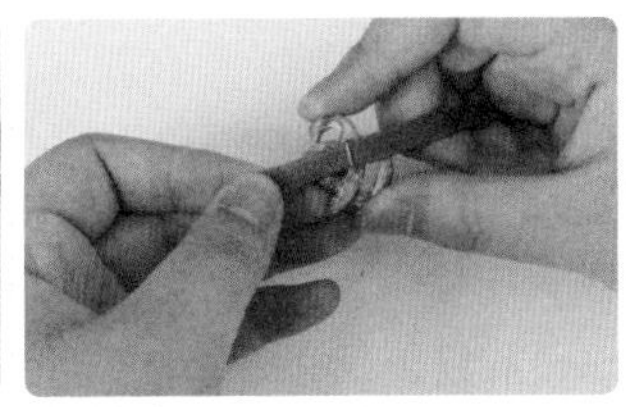

2 然后用丝带穿过固定环就行啦，这样的话配件在手链/项链上的位置还可以移动调整。

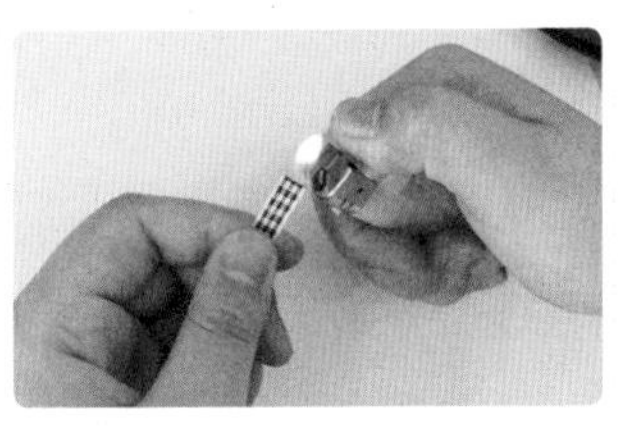

3 手链/项链的丝带两端是使用马口夹和龙虾扣连接的，安装也很简单。唯一要提醒的是我一般都会先用打火机烧一下丝带的顶端，这样就不会脱线。

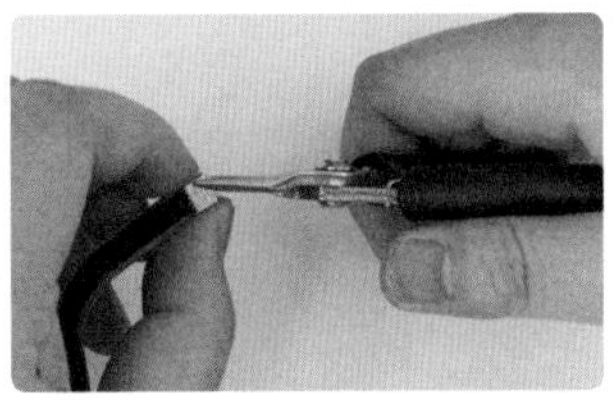

4 先在丝带顶端加一点胶水，再用平头钳把马口夹夹紧就好啦！

5 各种手链/项链效果。

第3章

这一章我们制作日常生活主题的小物。我小时候只喜欢花朵、星星这样唯美又规则的东西，有一天姐姐买了一条小拖鞋项链，她坚持说小拖鞋也很可爱，那时开始我渐渐认识到这样的生活小物件也可以很有趣。我们在制作的时候可以多关注小物件本身的细节特点，比如书页翻开的弧度、小收音机的天线等，往往这样的小细节可以让人感受到“物性”哦！

3.1 小书本胸针

小书本是非常基础的块面组合结构，样式很可爱。如果大家有什么喜欢的图书，做完之后就可以写上图书的名字哦。

造型

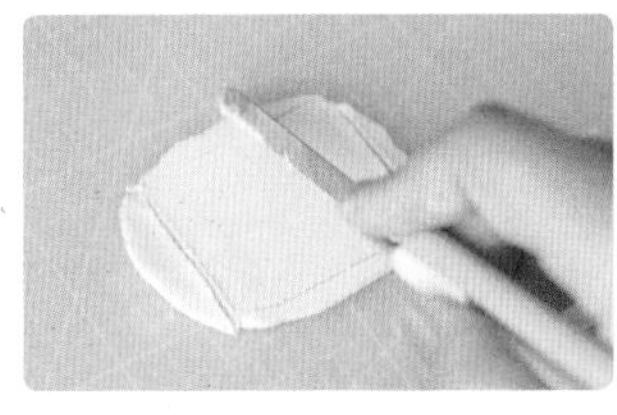

1 取适量黏土，擀成2mm~3mm厚的薄片，用美工刀切下一块长方形作为书内页。

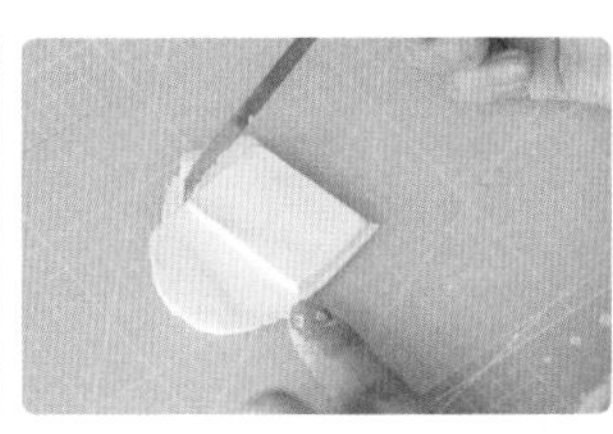

2 再用同样的方式切一块稍大一点稍薄一点的，作为书封面。

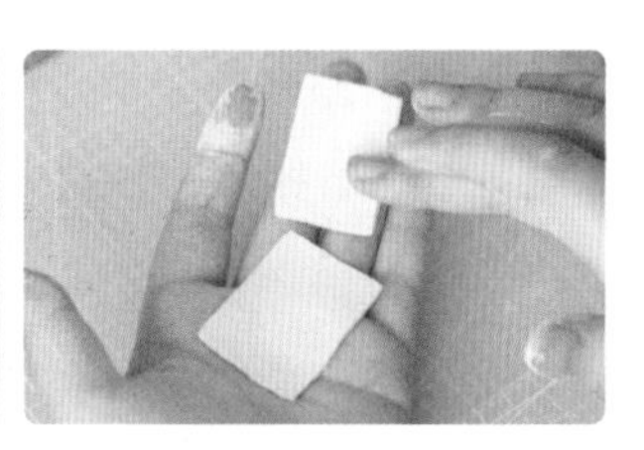

3 蘸水黏合两片黏土。

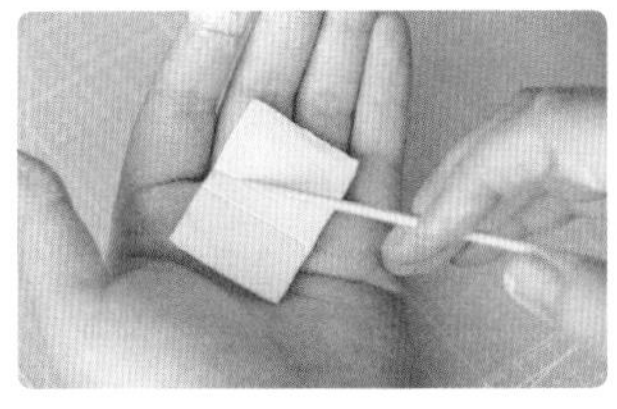

4 用细牙签在书中间轧出一道沟。

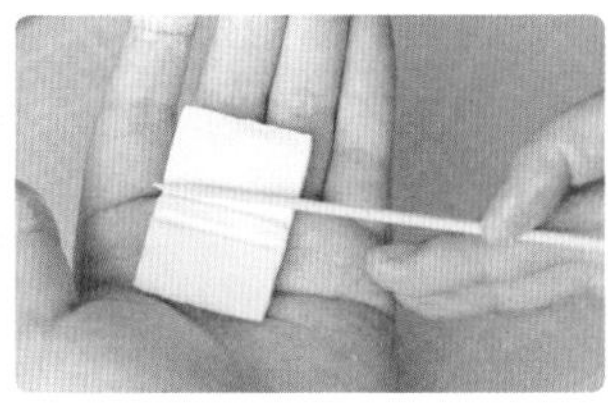

5 反过来轧出书封面的两道沟。

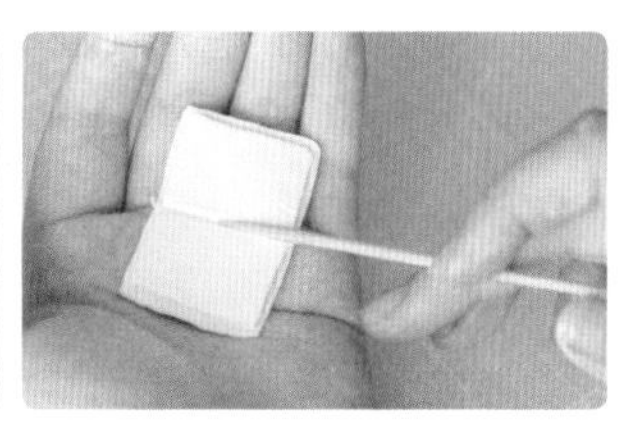

6 细化一些过渡的地方。

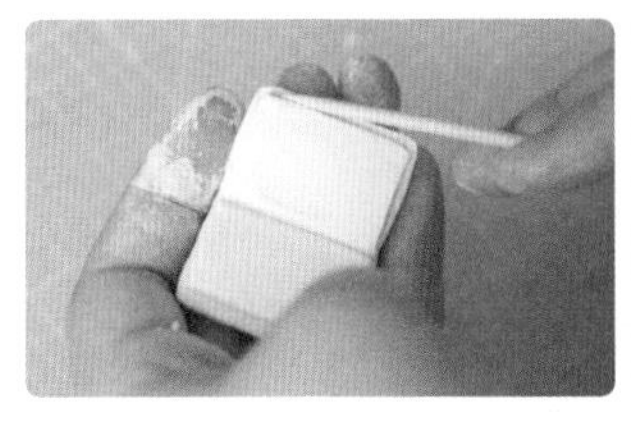

7 边角线条也做分明一些。

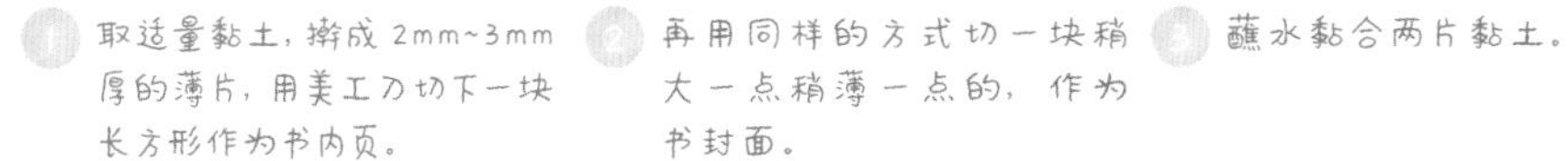

图中展示的是翻开的书本，合上的书本制作过程在本书的配套视频里有哦。

上色

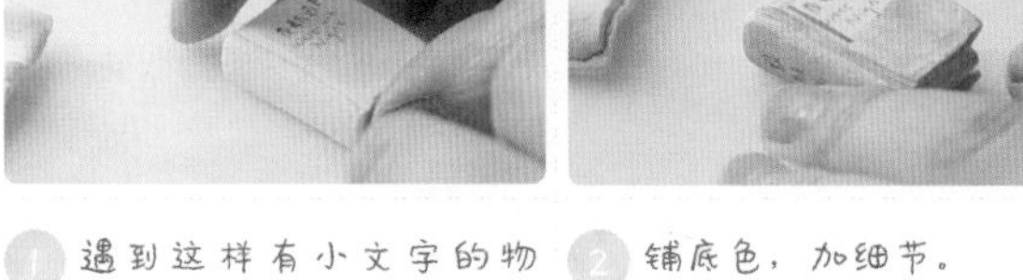

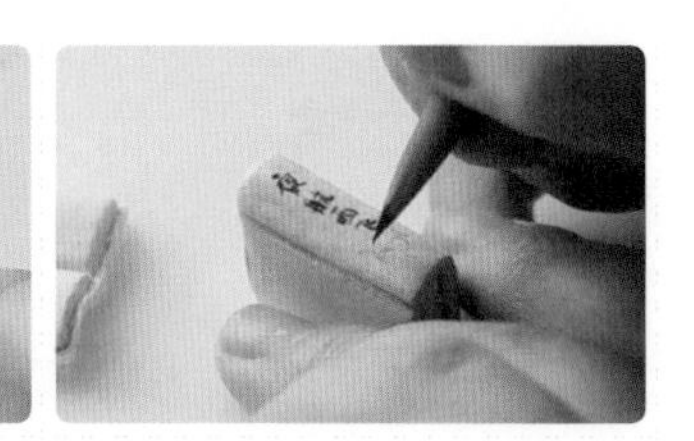

1 遇到这样有小文字的物件，我们可以先用铅笔写一下文字。

2 铺底色，加细节。

3 书脊也不要忘了哦。

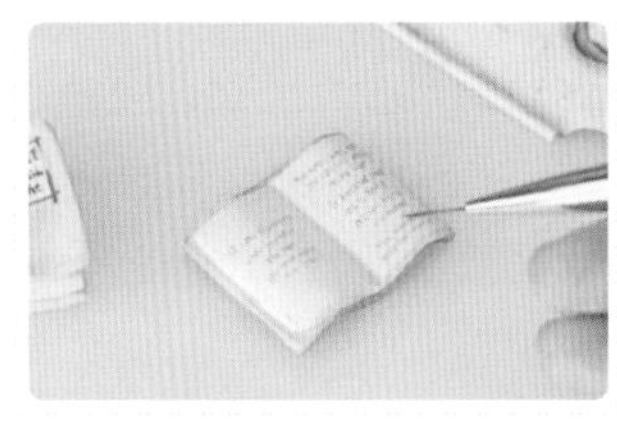

4 在写文字的时候要特别仔细。

5 可以加一些土黄色增加纸张的质感。

黏合

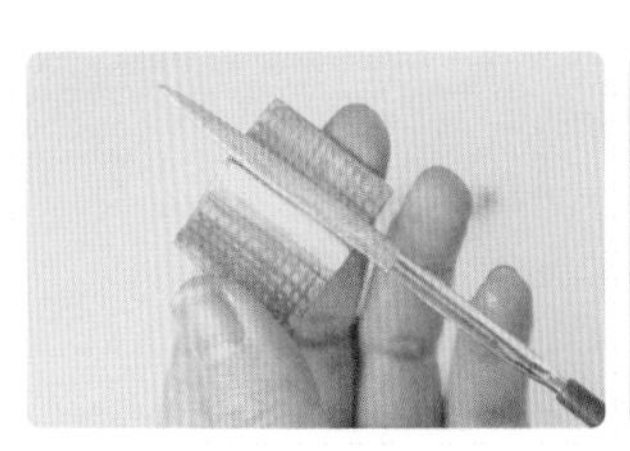

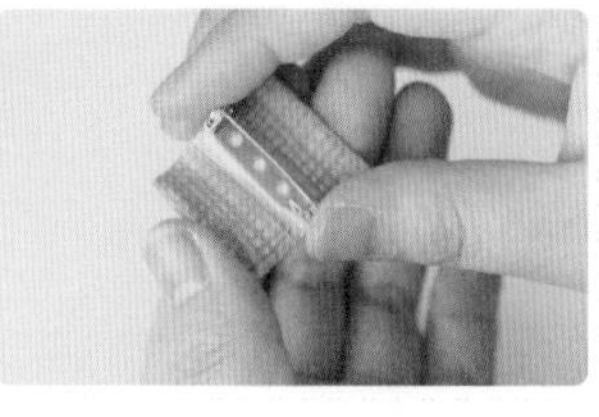

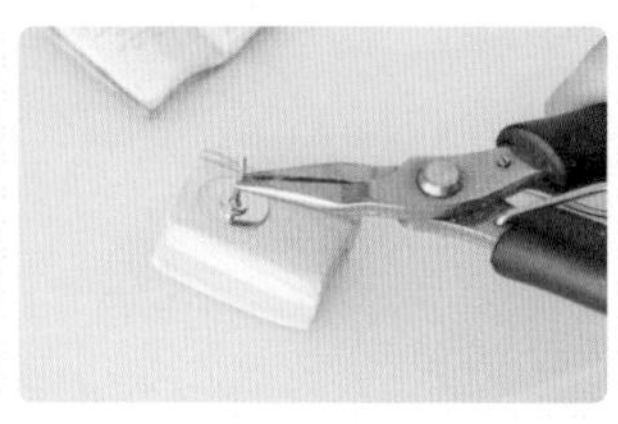

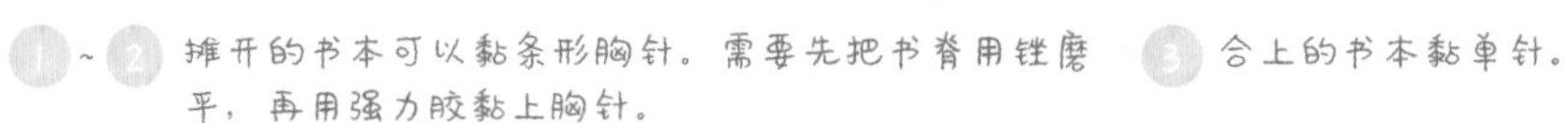

1 ~ 2 摊开的书本可以黏条形胸针。需要先把书脊用锉磨平，再用强力胶黏上胸针。

3 合上的书本黏单针。

封油

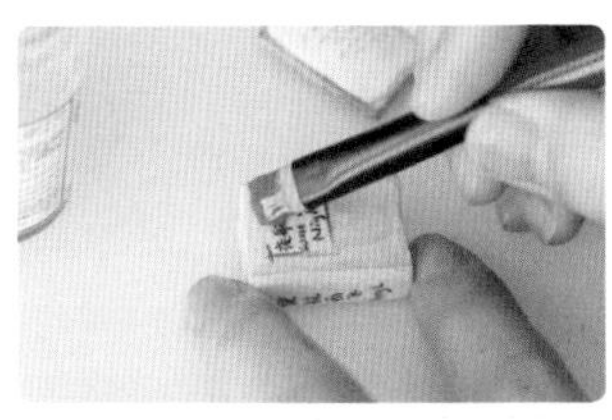

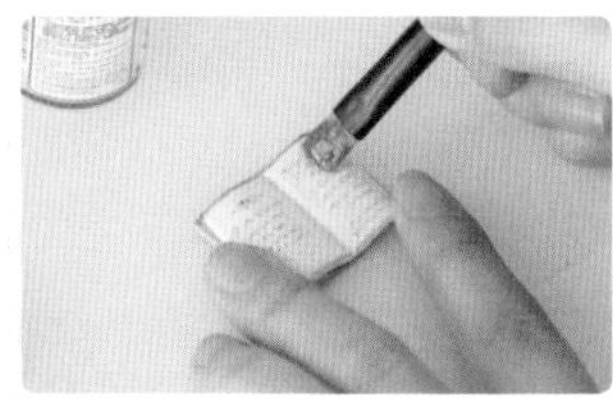

~
书本需要正反面分开上光油，
先上正面，晾干。

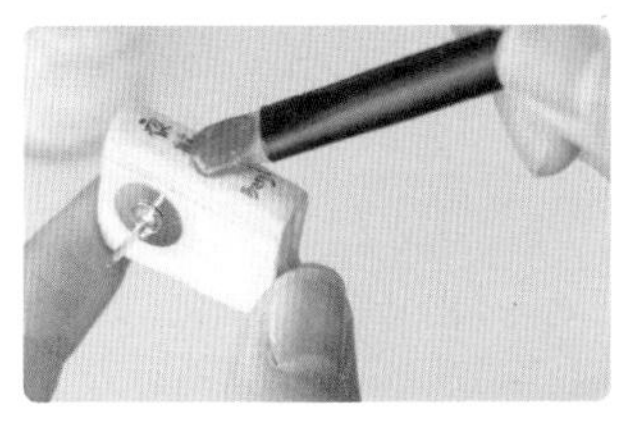

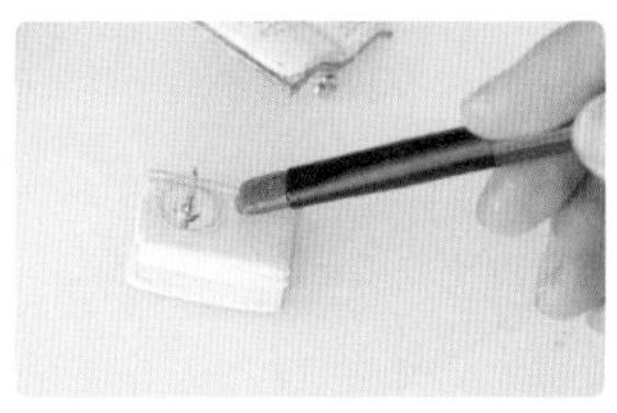

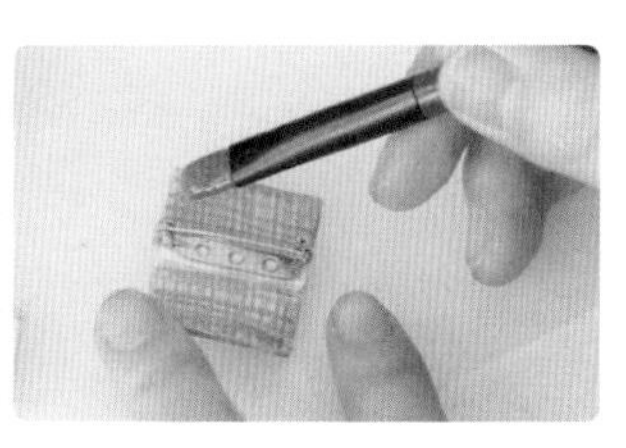

然后给侧面上光油。

~ 再给背面上光油。

夜航西飞
West with
Night

★ 还可以做个书本耳饰哦

我在示范中做的一系列小房子便笺夹是北欧色系，非常干净温和，大家也可以根据自己的喜好做不同的风格和色系。要注意的是，作为便笺夹的底座，小房子不能太过轻质，所以要用密度大一点的蓝色包装黏土。

3.2 小房子便笺夹

小房子便笺夹除了夹便笺和留言条之外，也是桌面上超高颜值的装饰物呢！

造型

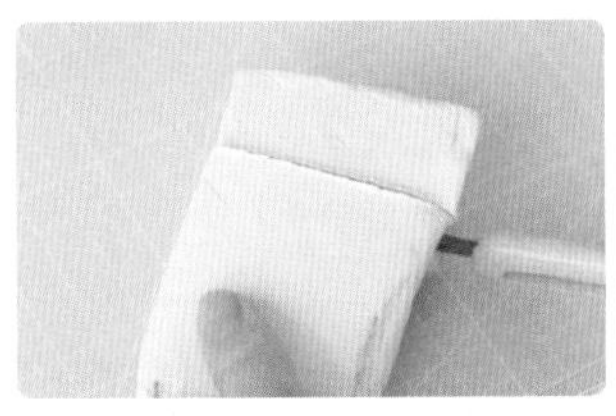

1 直接用美工刀切割下一块黏土。

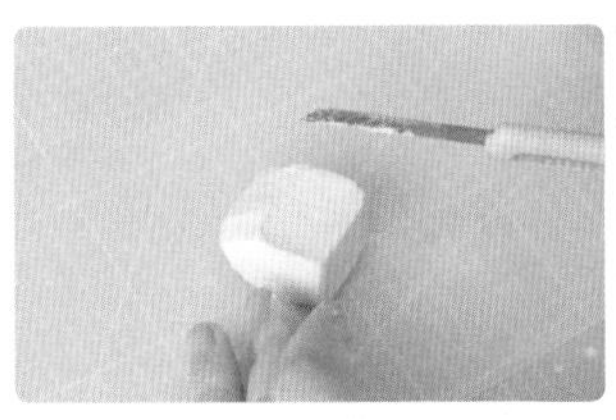

2 切出房屋的大体形状。

3 将手指蘸水后调整房屋外形。

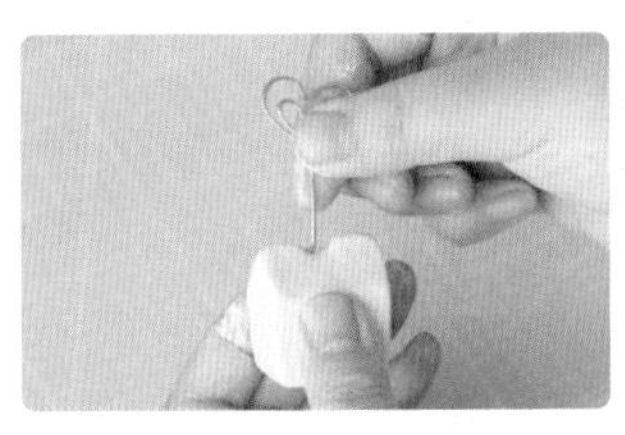

4 将做好的便笺夹钩子从屋顶插入。

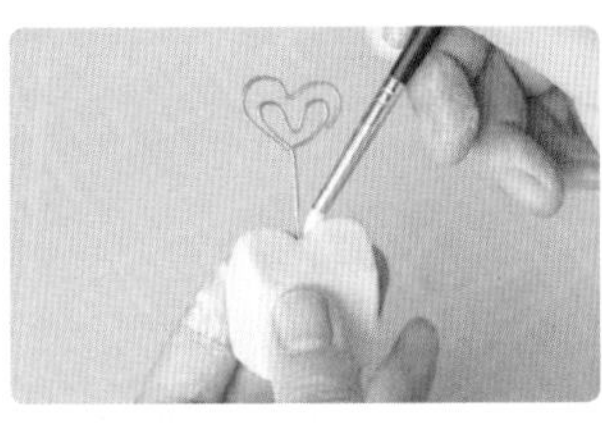

5 在插口加些水，小心地闭合。

6 修整闭合处，调整外形。

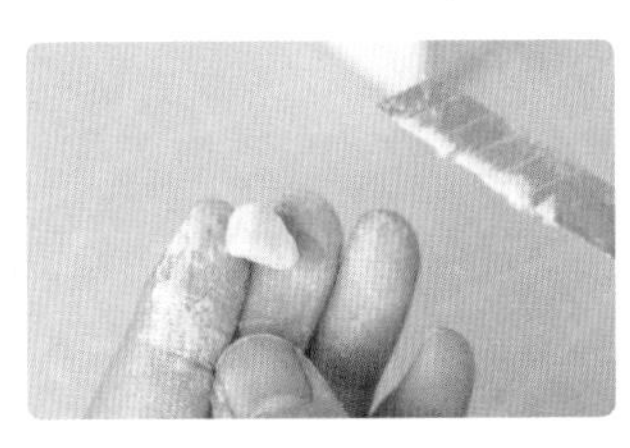

7 切一小块黏土做小窗户。

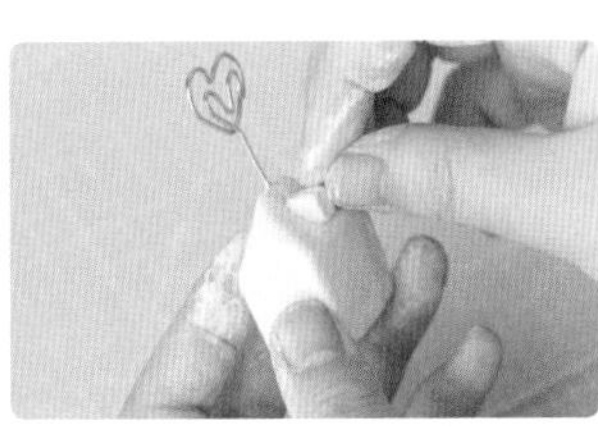

8 将窗户黏到屋顶。

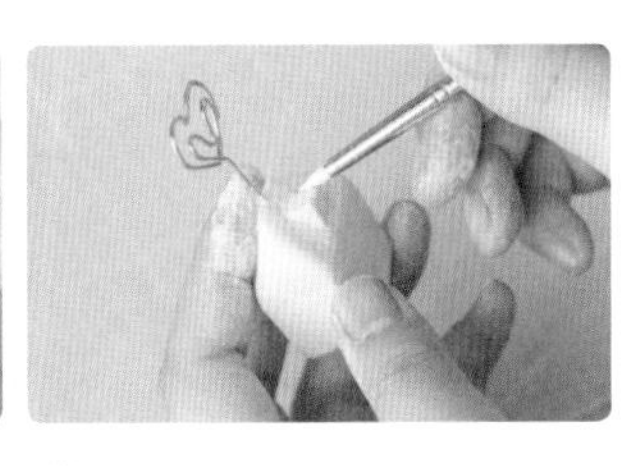

9 调整黏合处。

夹子的制作

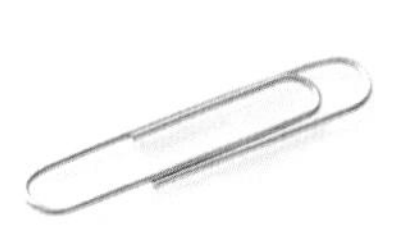

1 夹子用 0.8mm~1mm 粗的铁丝就可以，我用的是一种大号的回形针。

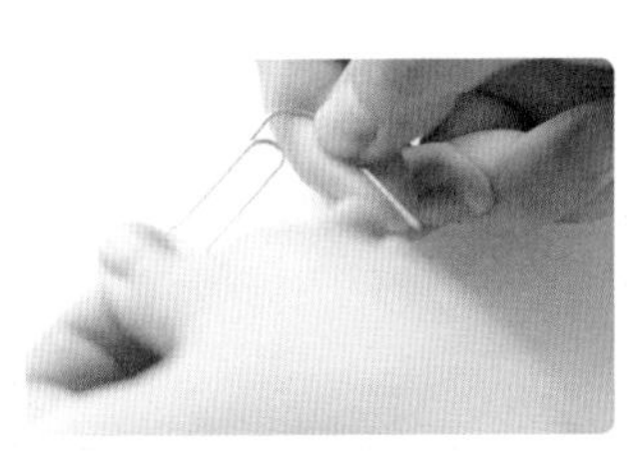

2 将回形针打开。

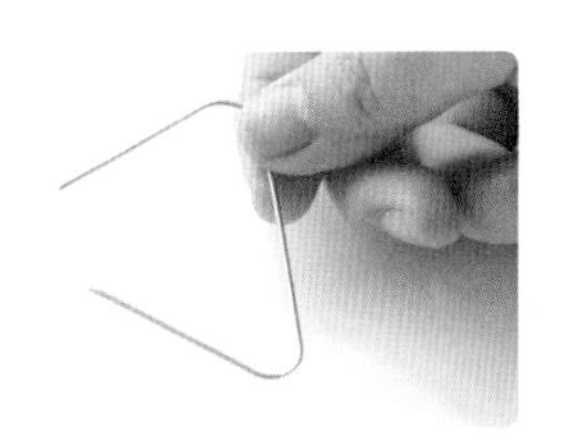

3 打开到这个程度就可以，如果过度扭它的话会断裂的。

4 把长的一端卷起来。注意，要想夹住纸片必须卷两圈。

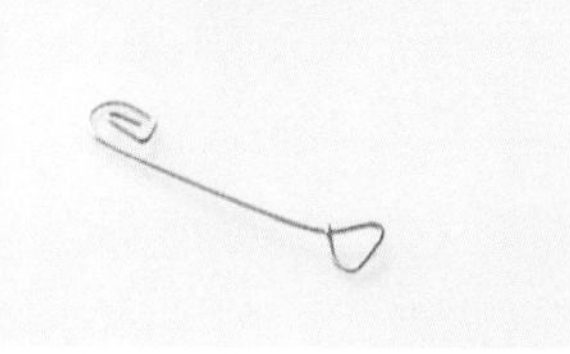

5 把另一端卷成三角形就可以啦。

打磨

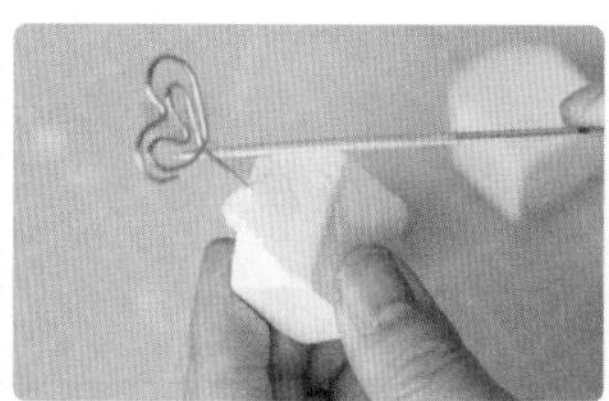

1 用平锉修整小房子。

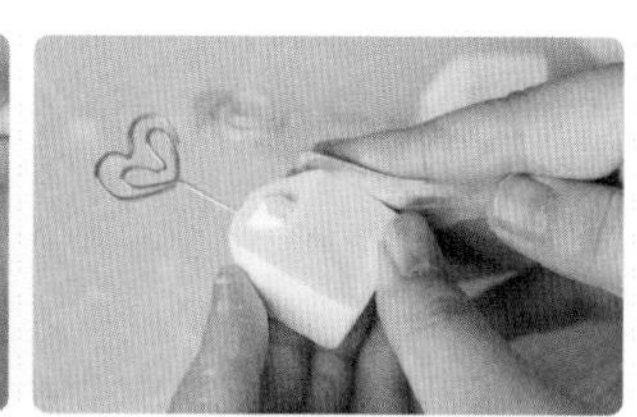

2 用砂纸打磨。

3 在打磨有平面的东西时，可以把砂纸放平，拿着要打磨的物体平行磨。这样效率比较高，打出来的面也比较平整。

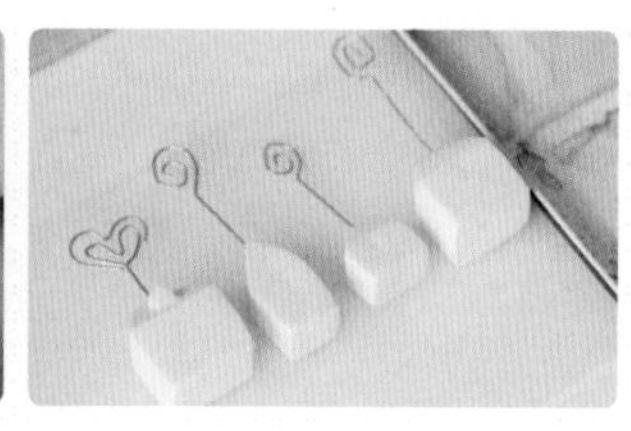

4 四个小房子都磨完啦。

上色

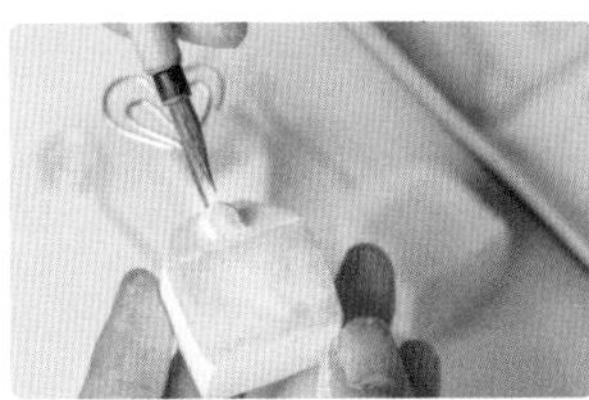

1 配色的时候就想象自己要刷墙，准备刷什么颜色的漆呢？

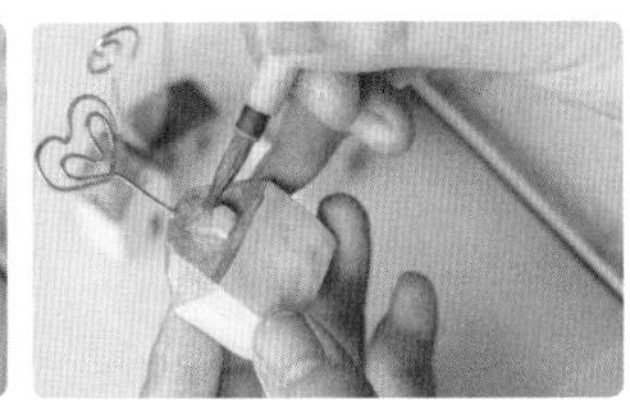

2 同样是先浅后深的顺序。一笔过去不要太磨蹭，颜色稍微有点不匀是自然的，如果来来回回画的话，“墙”会不平整。

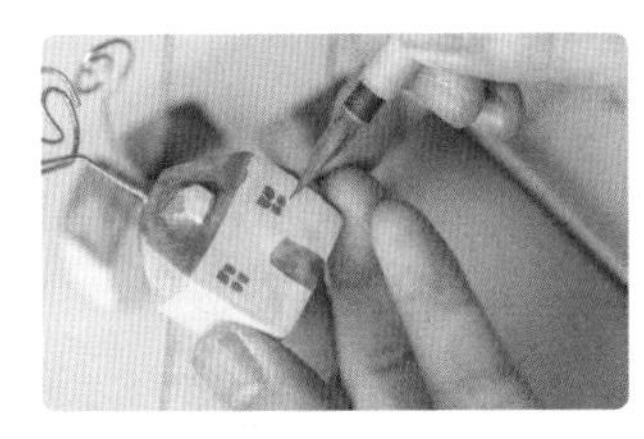

3 画出门和小窗户。

4 四个小房子都画好啦。

封油

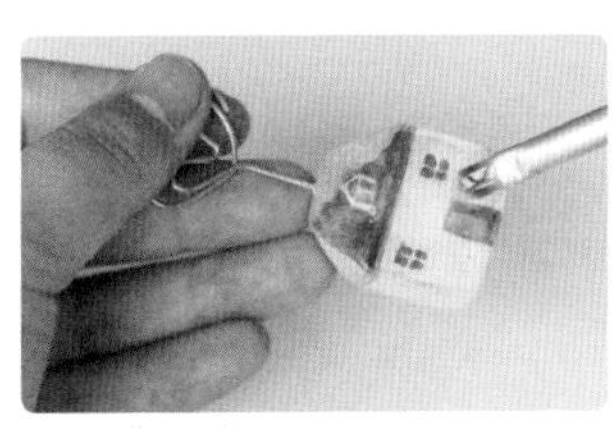

1 给小房子刷油时捏着便笺夹就方便多啦。

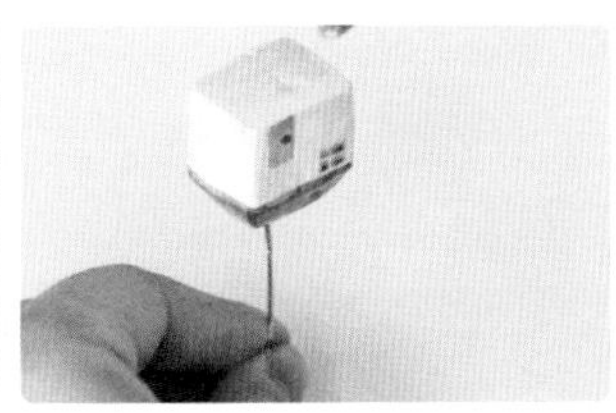

2 底部也要刷到。

3.3 小电器耳夹

复古小电器是我非常喜欢的一类物件，很可爱，在制作上也是比较好上手的体块造型。如果想做挂饰，要先安上羊眼或者自己扭的双环。

造型

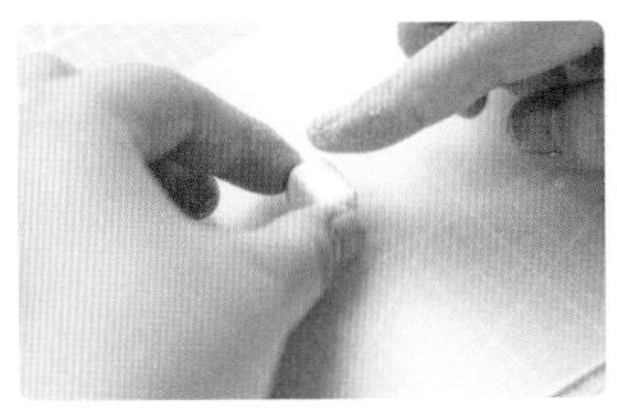

1 捏一个小长方体做音箱本体。

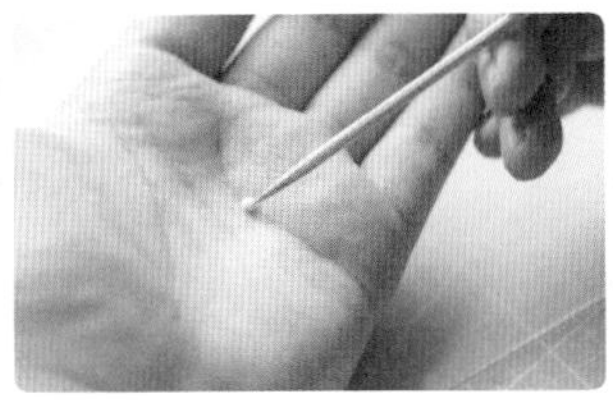

2 揉一个小小的团子做旋钮。

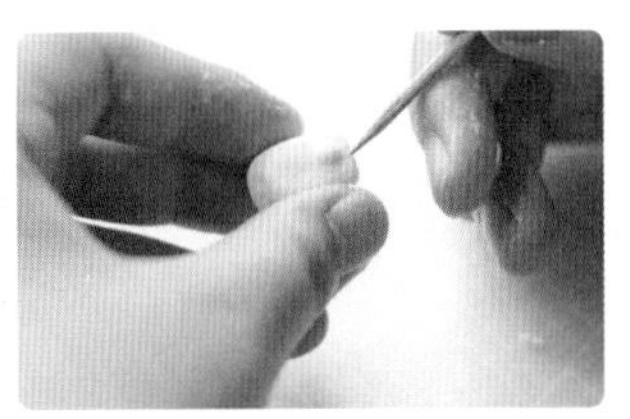

3 将旋钮安上。

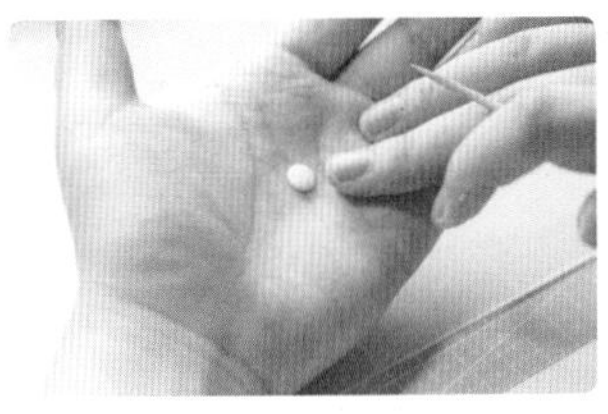

4 按一个小圆饼做喇叭。

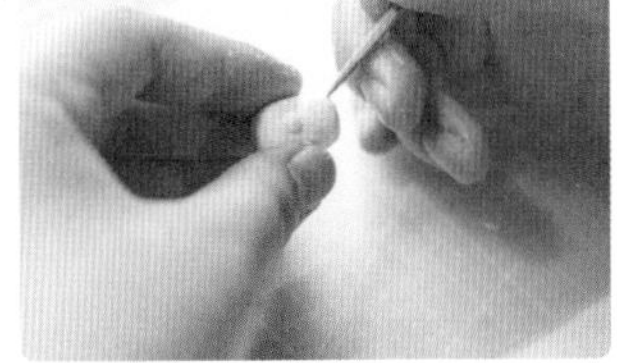

5 把小圆饼黏在音箱上。

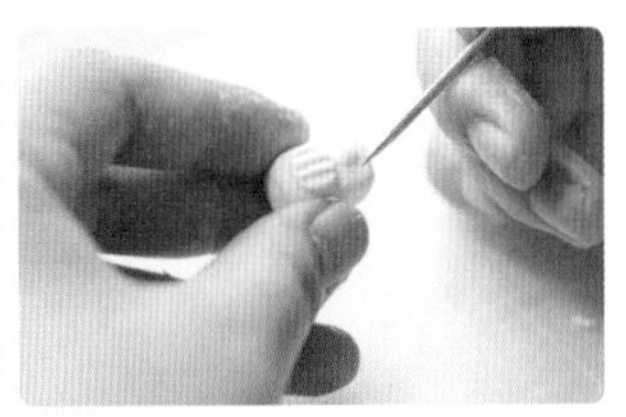

6 轧出音箱的音孔。

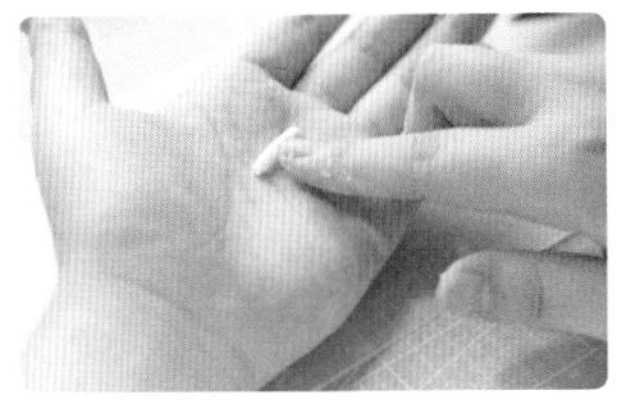

7 揉一个小条做电话听筒。

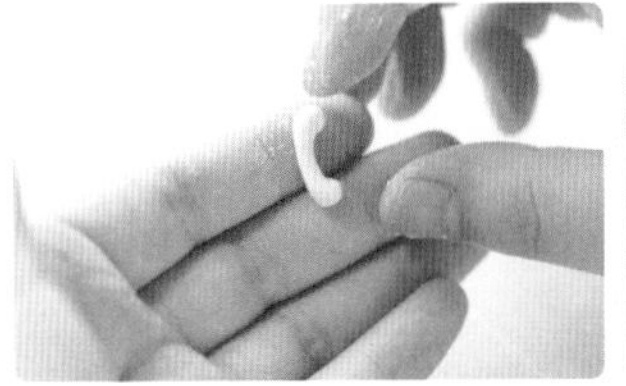

8 卷起两端做成听筒模样。

9 捏出电话机身的样子。

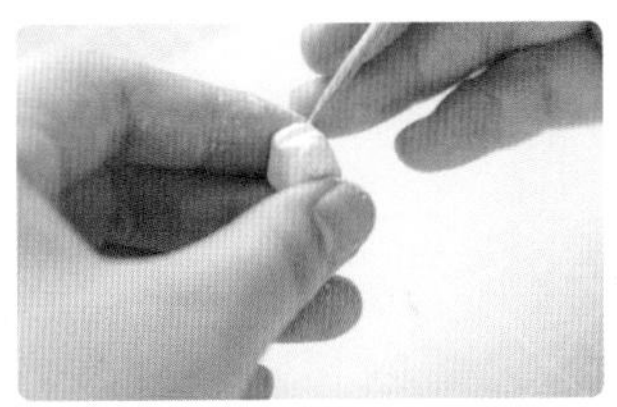

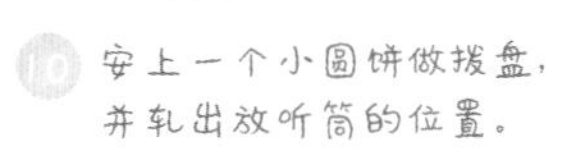

10 安上一个小圆饼做拨盘，并轧出放听筒的位置。

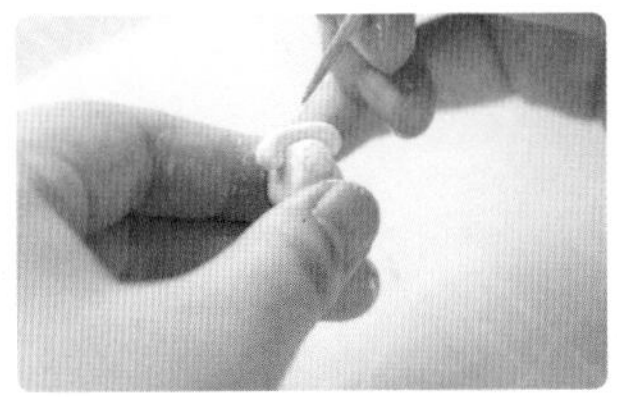

11 把听筒黏合在电话机身上。

如果想让小音箱更加复古可爱，可以安一根小天线。

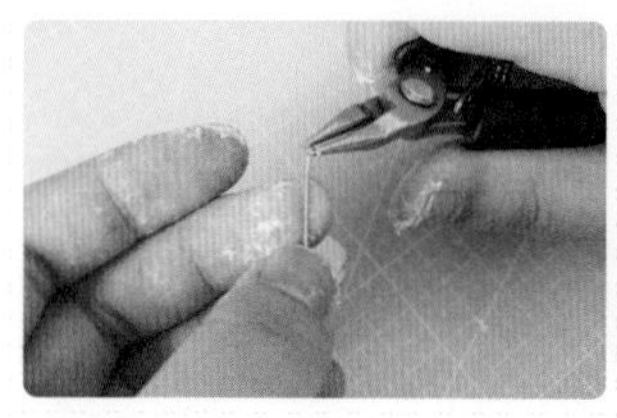

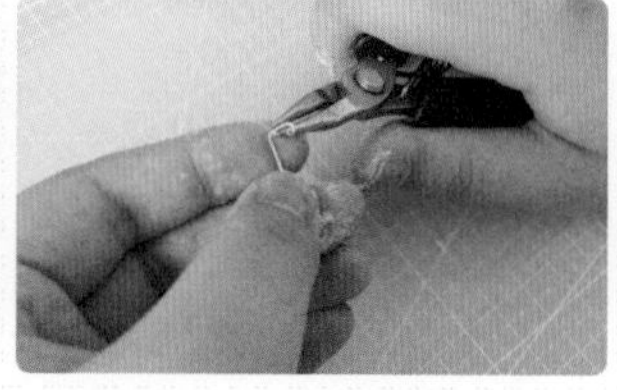

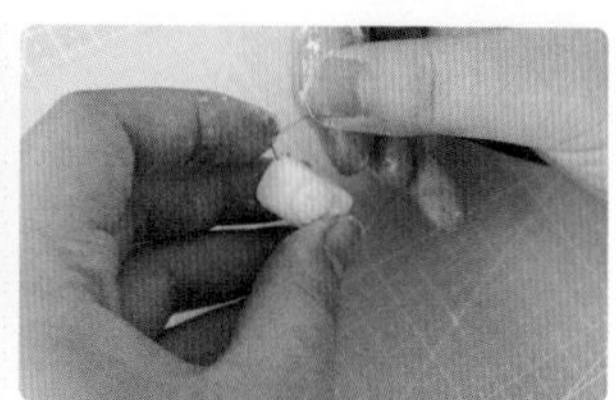

1 用圆头钳给金丝绕一个圈。

2 相隔 5mm 折一下金丝。

3 从音箱一角把天线插入并且小心捏合。

打磨

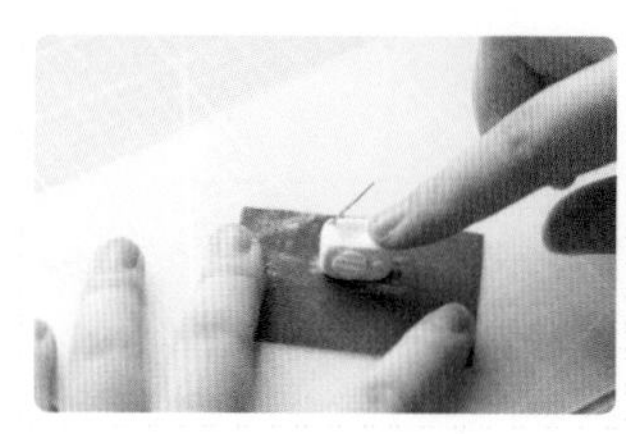

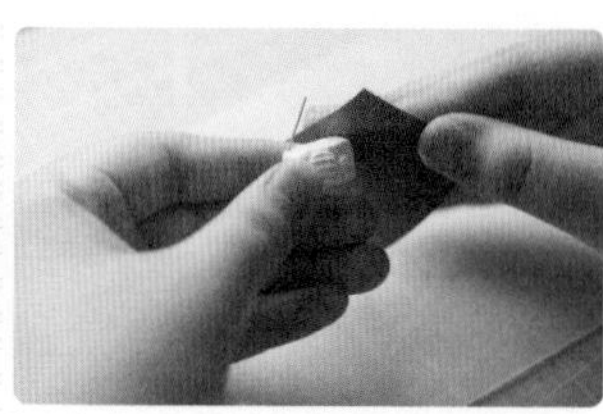

1 把需要打磨的面按在砂纸上摩擦。

2 再用细一点的砂纸打磨边角细节。

上色

1 给小音箱上淡青色的底色。

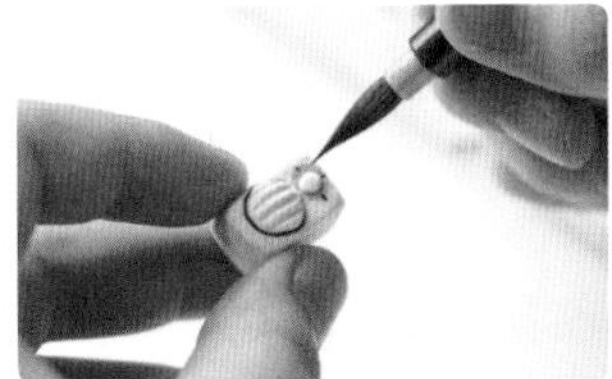

2 勾勒喇叭和按钮的线条。

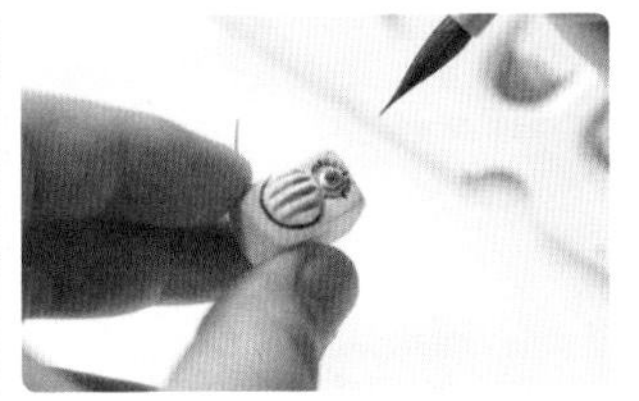

3 完善细节。

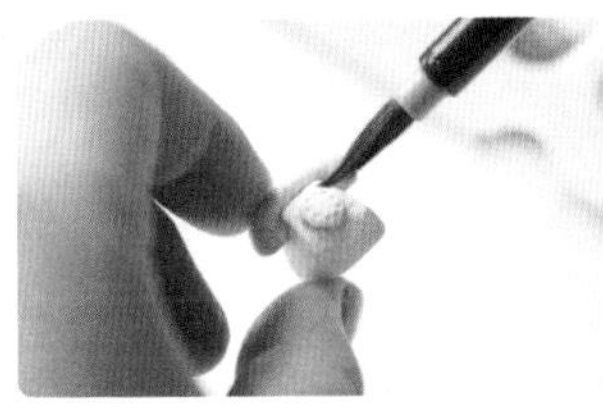

4 给小电话上同款淡青色。

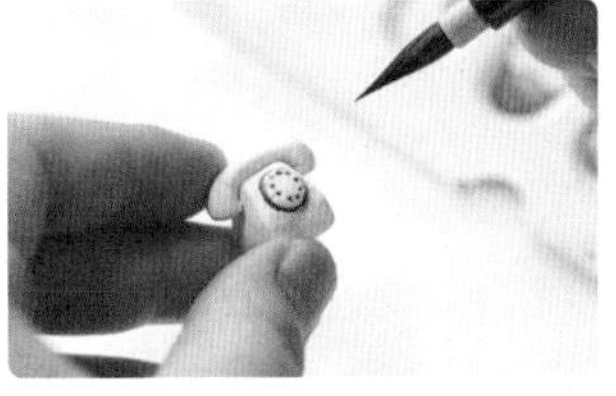

5 画上圈圈图案。

封油与黏合

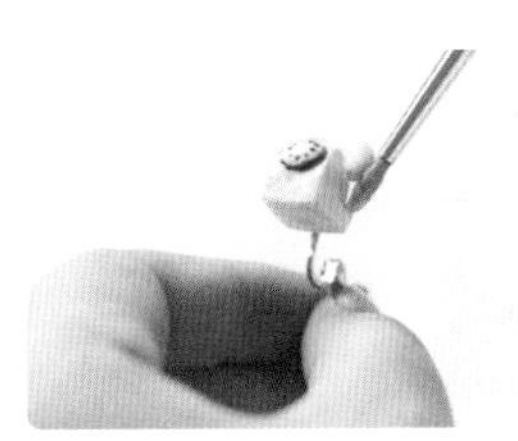

1 将弹簧耳夹黏在小电器背后。

2 刷上光油。

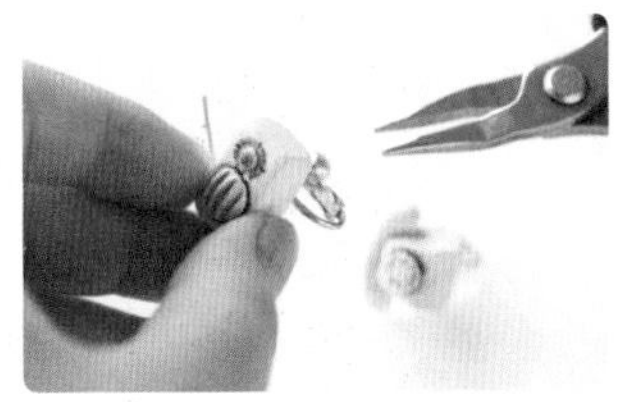

3 把耳夹插在泡沫板上。

★小电器做成耳坠也很可爱

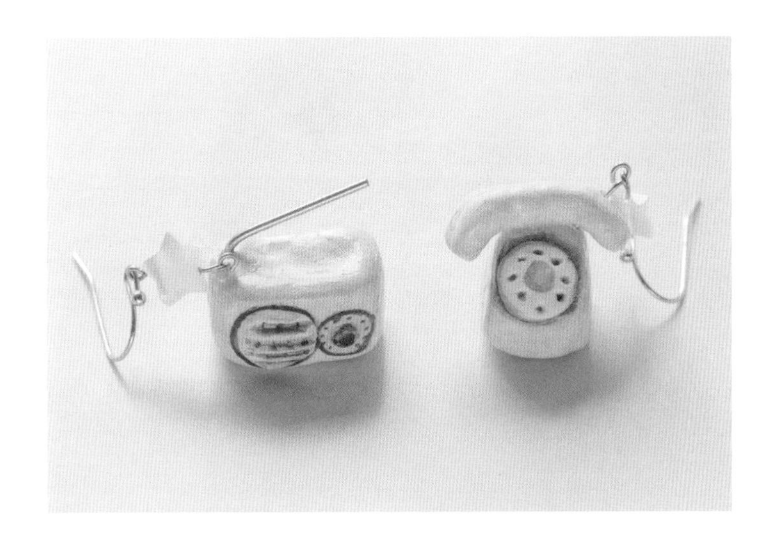

Show Time!

3.4 鲤鱼旗手链

鲤鱼旗这样的小造型只要颜色图案控制得好，会显得非常神似。这款手链的制作关键是用金丝穿过旗子并扭两个小圆环，然后用小圆环连接整条手链。

造型

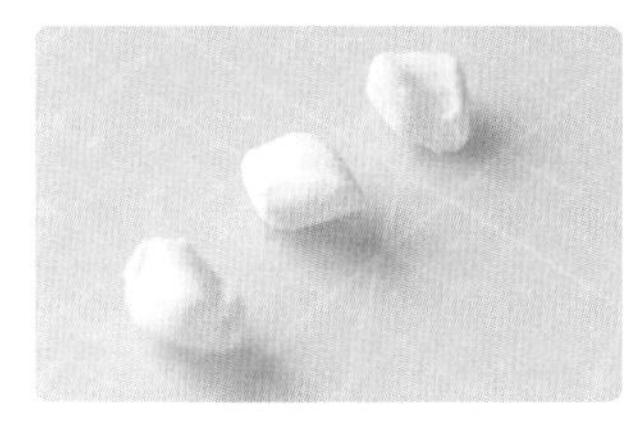

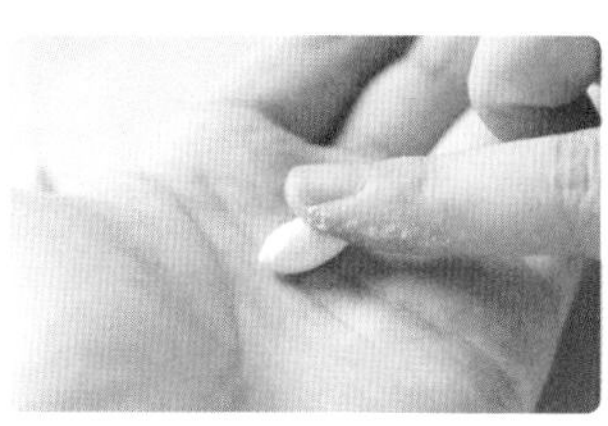

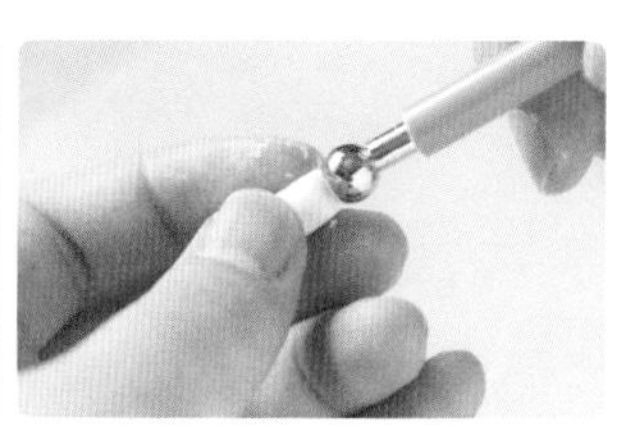

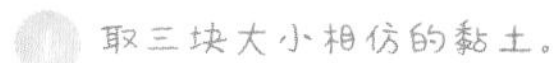

1 取三块大小相仿的黏土。

2 把每块小黏土揉成短胖的条形。

3 在一头用球形塑形棒压出鱼嘴的凹形。

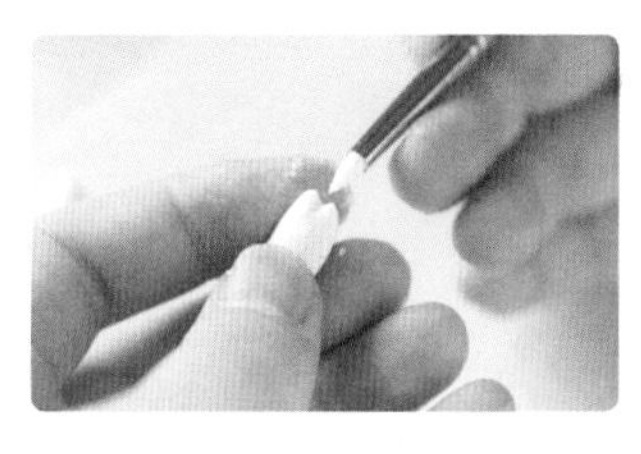

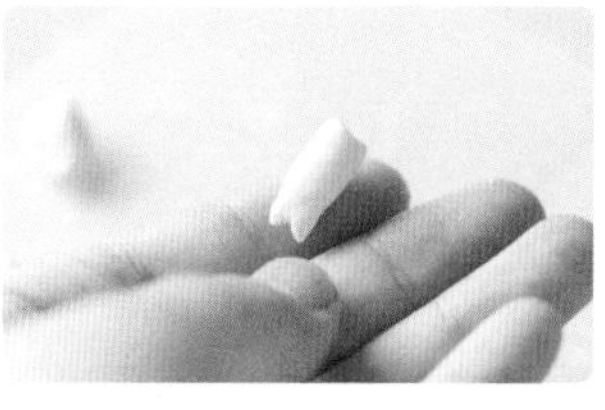

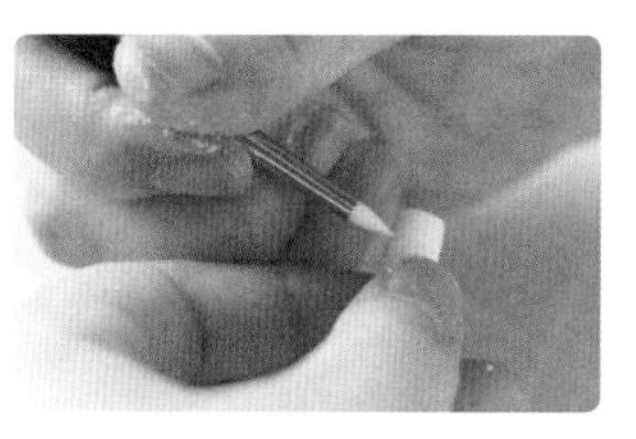

4 在另一头压出鱼尾巴的形状。

5 Q版的鲤鱼旗可以把身体处理得胖一点儿，鱼尾也不用细得太明显。就像Q版小人没有腰一样。

6 勾勒出鱼鳃的分界线。

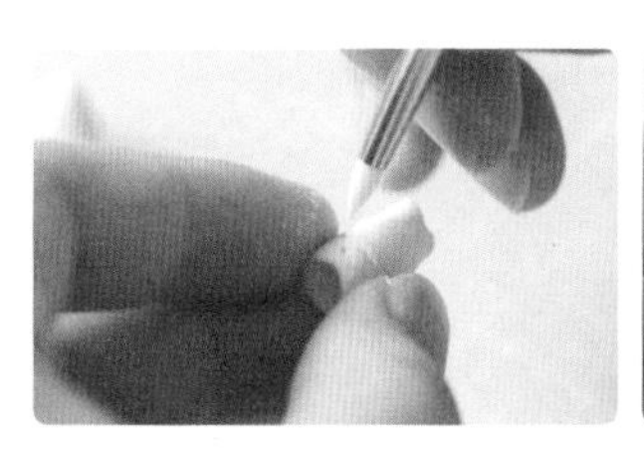

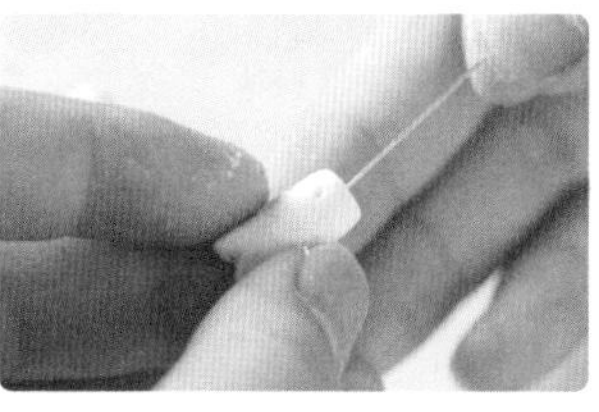

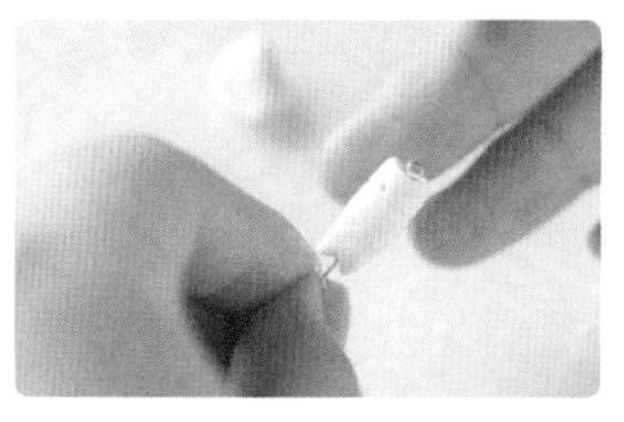

7 点出眼睛的位置。

8 将9字针从鱼嘴插入，穿过身体，从鱼尾中间穿出。

9 这样就可以了，等待干燥。

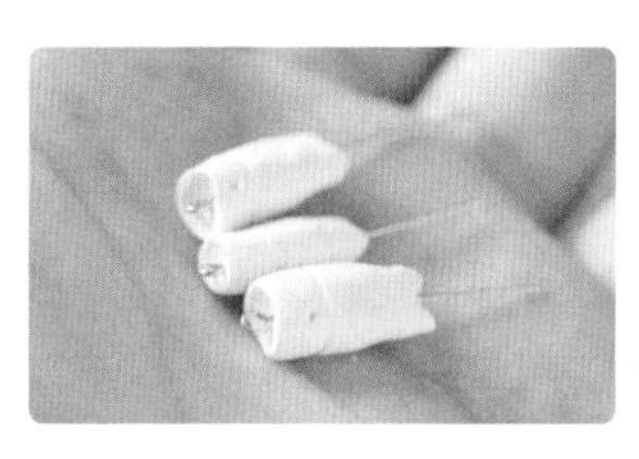

10 做好三条小鱼。

打磨

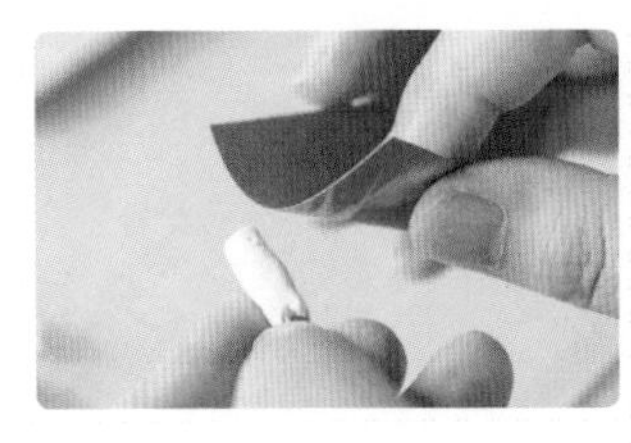

1 把小鱼的身体磨得光滑一点。

2 棱角要磨掉。

上色

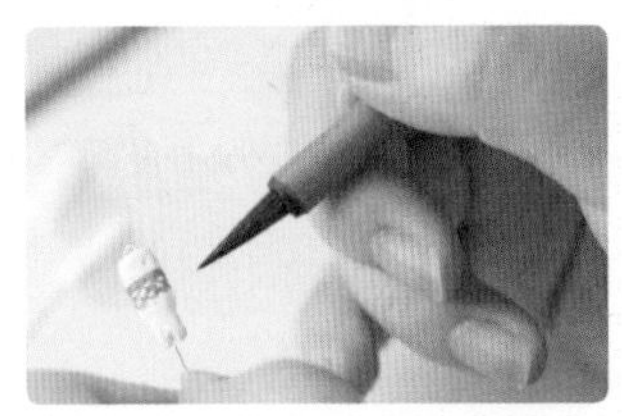

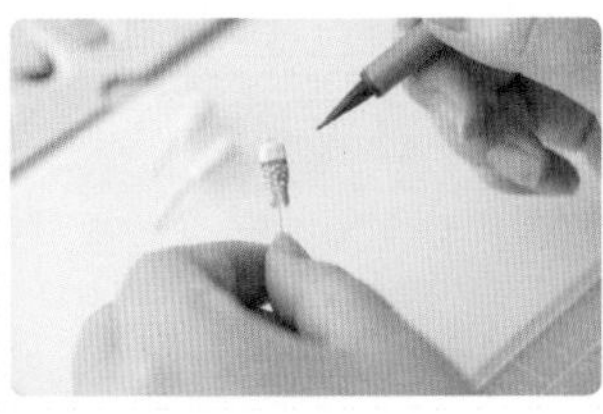

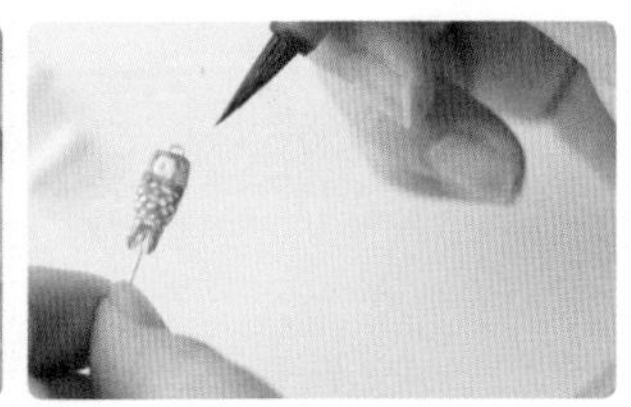

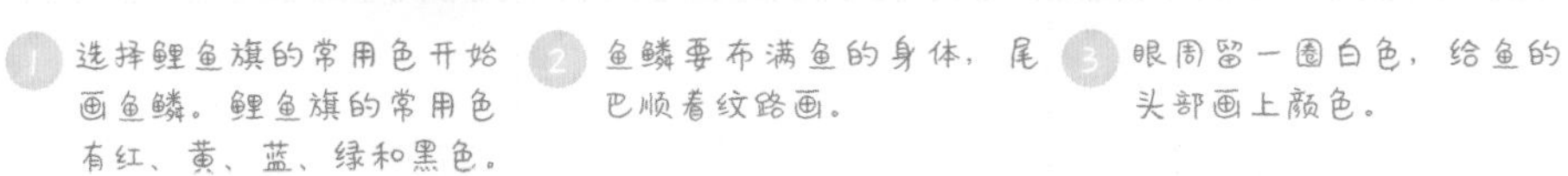

1 选择鲤鱼旗的常用色开始画鱼鳞。鲤鱼旗的常用色有红、黄、蓝、绿和黑色。

2 鱼鳞要布满鱼的身体，尾巴顺着纹路画。

3 眼周留一圈白色，给鱼的头部画上颜色。

4 最后用黑线勾勒一下眼睛和鱼鳃。

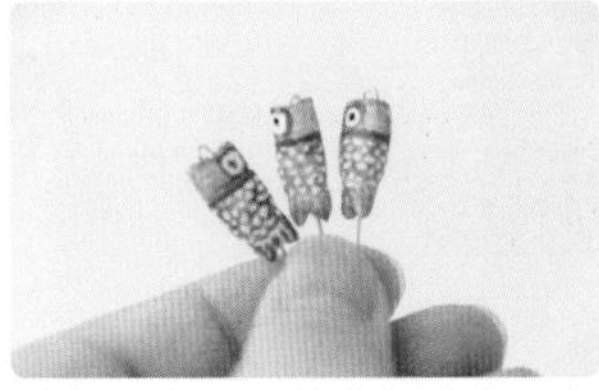

5 把三条鱼都画好。

封油与安装

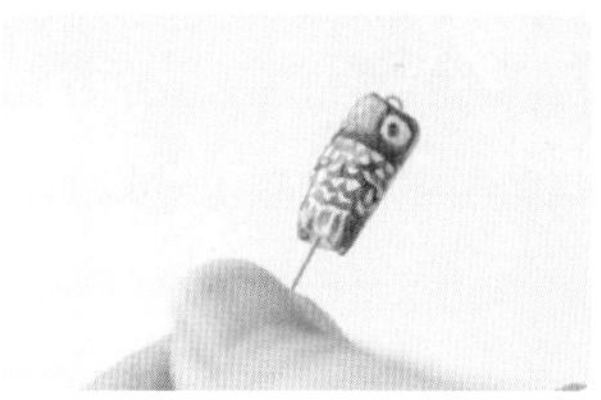

1 刷上光油。

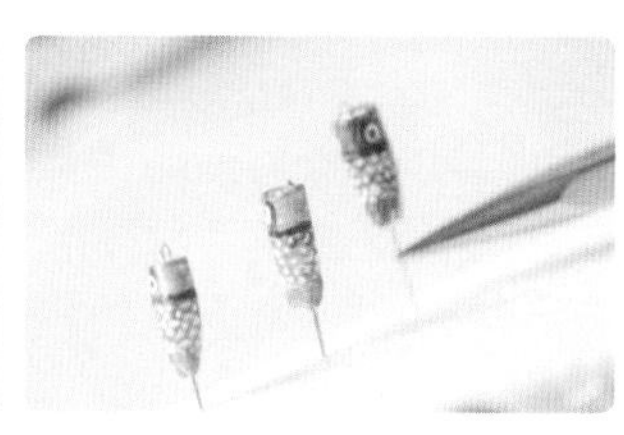

2 把小鱼都插在泡沫板上。

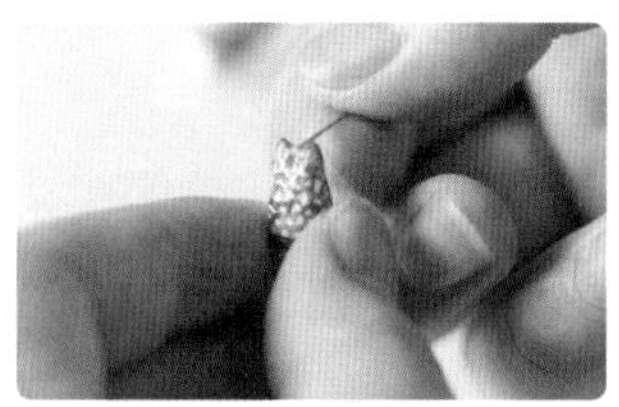

3 先将鱼尾长出来的金丝折成90°角。

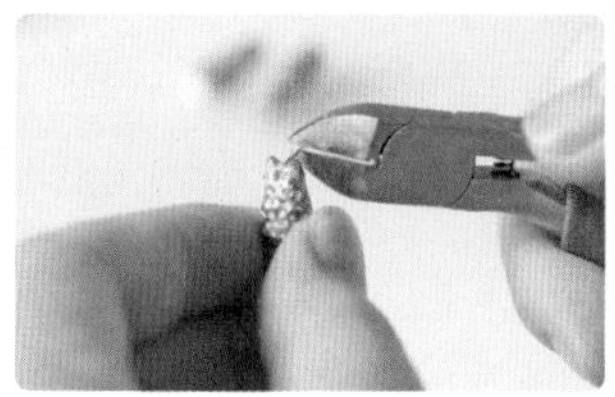

4 用剪钳剪掉多余的金丝，留下大约5mm的长度，如果没有把握的话，可以适当留长一点，卷起来之后还能修剪。

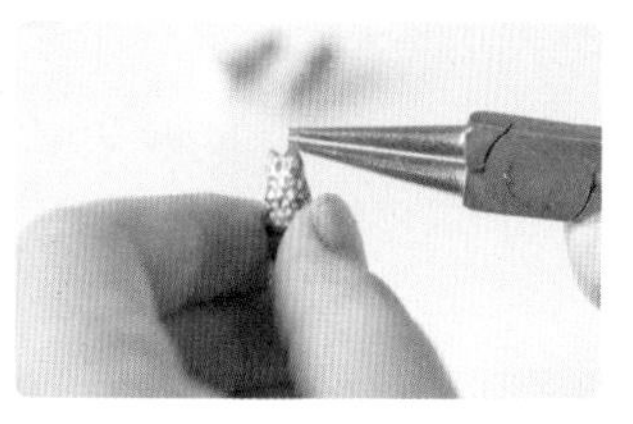

5 用圆形尖头钳卷起一个环。

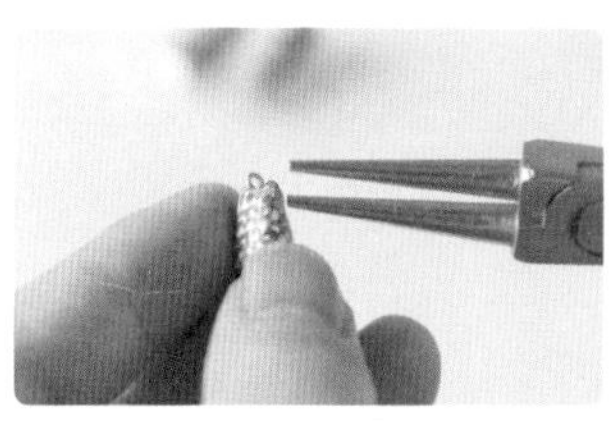

6 卷起的环如图所示。

7 三条小鱼都做好啦。

8 除了小鱼之外，我还准备了贝壳珠。

9 贝壳珠和小鱼一样用金丝穿过，两头装环之后，用小环连接起来。

10 安装时小鱼和贝壳珠相间，两端再接上1.68mm长的镀金链子，长度根据手腕周长适当调整。

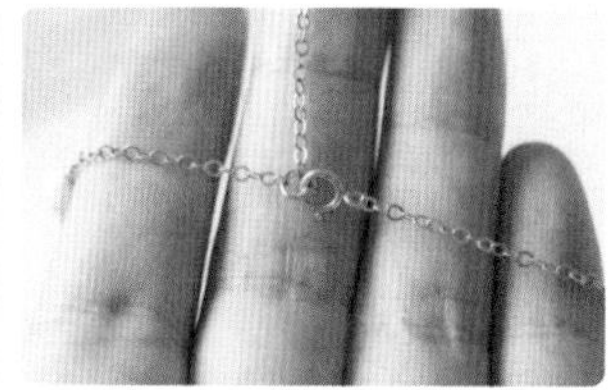

11 扣头我比较喜欢用弹簧扣，配上相应的圆环和小吊坠。

★你可以自己做出蘑菇手链吗？

小蘑菇的造型也非常基础，用手和基础工具就可以做出。只要再配上活泼的颜色，就能很快完成既可爱又简单的作品，非常适合新手做成小手链。

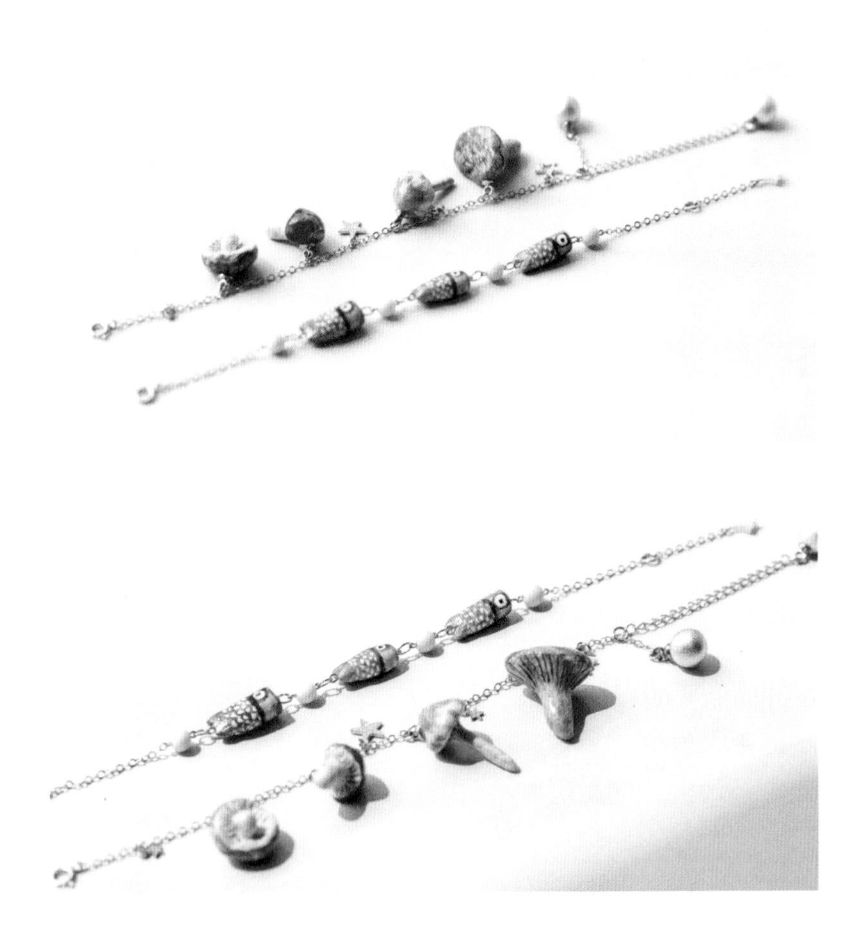

第4章

今天会很新鲜
——食物主题趣味小物

这一章是食物主题，和之前的小物相比，食物的上色更加关键。无论是小饼干还是西蓝花，都用了混色的上色技巧，表现食物自然过渡的色彩。另外在表面肌理的塑造上也用到了更多工具。这些都是我的实战积累呀！而且小西蓝花耳环真的是我自己的日常配饰啊，经常被朋友问起呢。

4.1 小饼干胸针

小饼干胸针是非常好制作的，也很容易出效果。

造 型

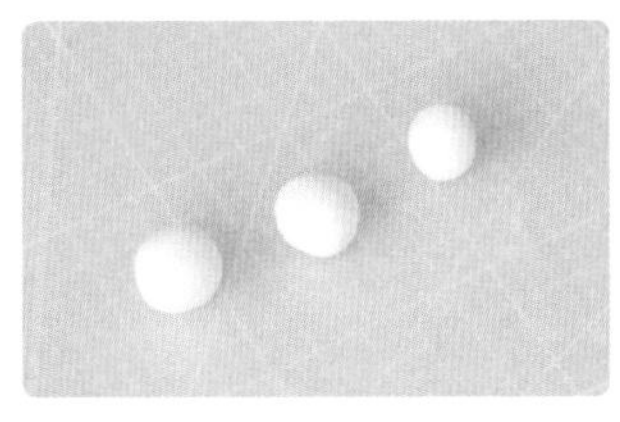

1 取适量黏土，揉成一大、两小，三个小团。

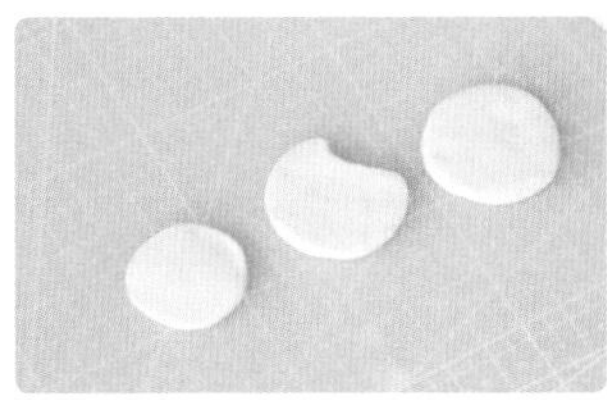

2 将小团黏土擀平，做出上下两片饼干和夹心的基本形态。

3 用小牙签做出饼干边缘的形状。

4 将勾边过程中鼓起的周边抚平一点。

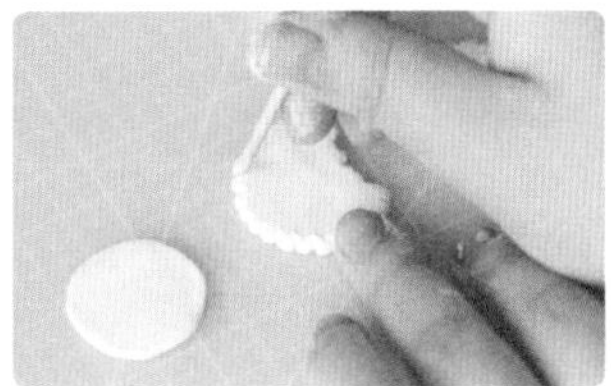

5 反面也一样修一遍边缘。

6 蘸些水，用手指磨平细纹，同时修饰一下不平整的地方。

7 把夹心层放进去。在夹层间要加一点水，用工具笔在不会露出来的地方轻轻下压，让两层充分黏合。

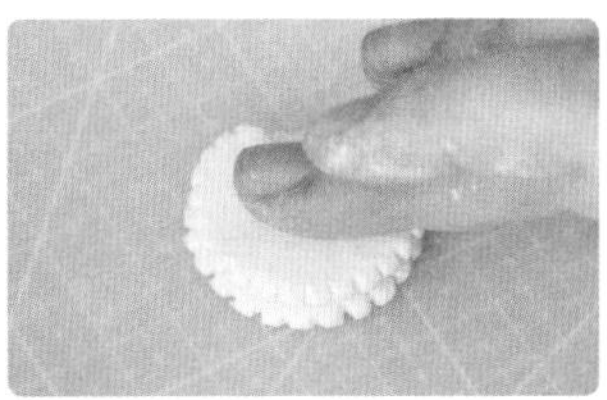

8 黏合顶层，注意顶层要留出一点缺口露出夹心。

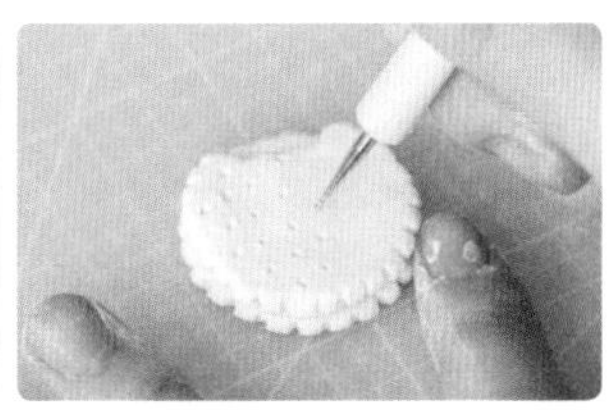

9 在表面用压痕笔点出小饼干的烘焙小眼。

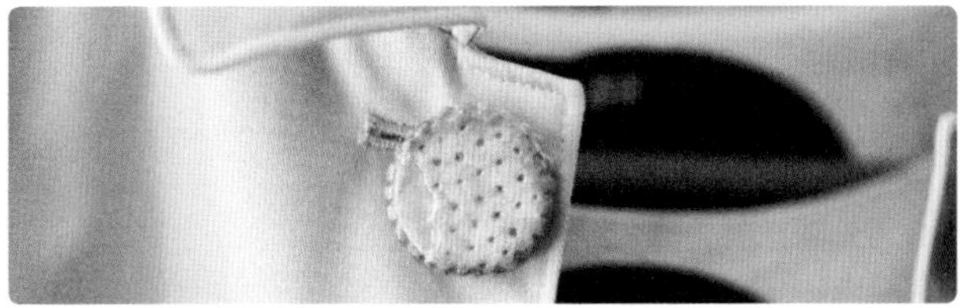

10 然后就可以拿去晾晒了，需要至少晾晒一整天，让它完全干硬。

打磨

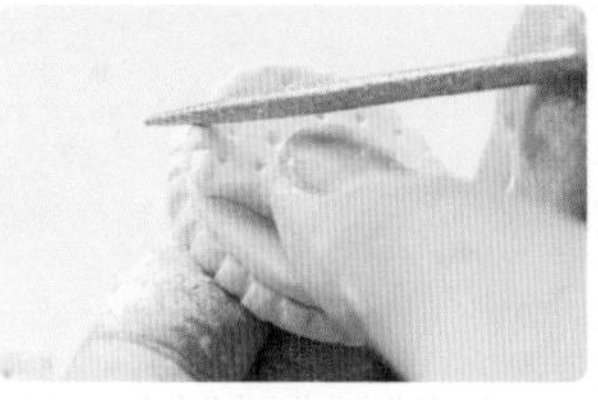

1 用小圆锉打磨小饼干的边角。

2 反面也一样要细心地锉。

上色

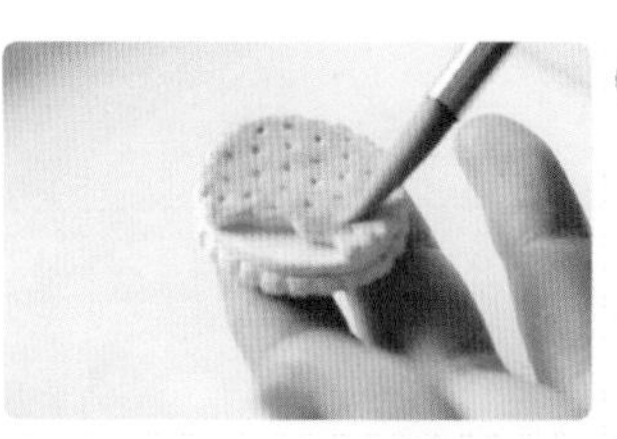

1 我习惯用水彩上色，注意颜色要尽量接近真的小饼干，可以多加些土黄色和赭石色。我自己在画的时候很容易画得太灰，其实用色纯一点更可爱。

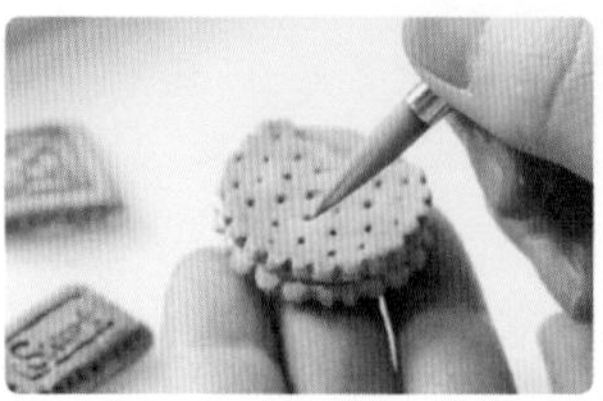

2 铺完底色之后，在边缘处上加一些深色会显得更逼真。由于我是用水彩上色，所以完成上色之后也需要放置半天左右晾干。

封油与黏合

1 光油也是需要时间风干的，所以需要一面一面地上，我们先上正面。可以根据效果选择上一层或者两层，两层光油会更加有陶瓷质感。但是单层一定不能太厚，太厚的话不能及时干，后期可能会脱落甚至破坏作品。

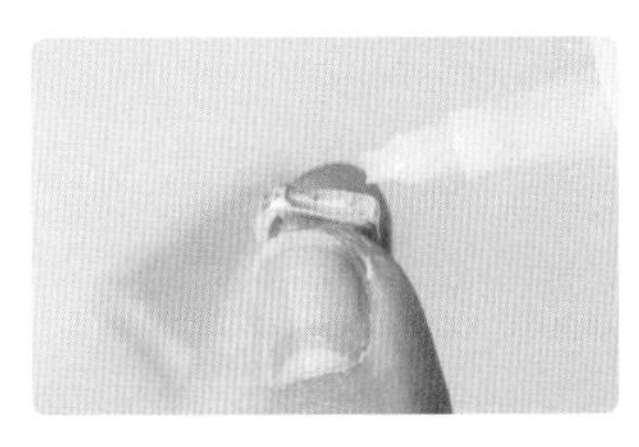

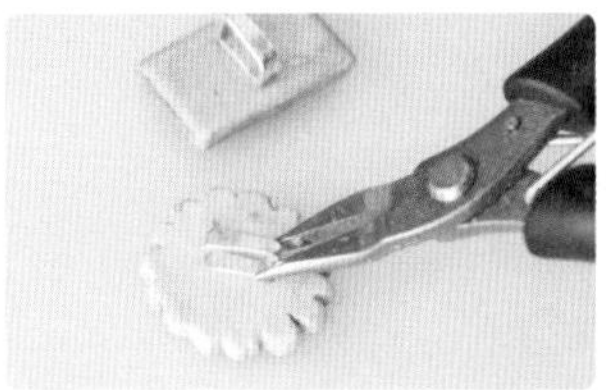

2~3 根据不同的需求用强力胶在背后粘上配件。如果做成项链或手链就需要粘上方扣。

4 胸针需要粘上胸针扣。

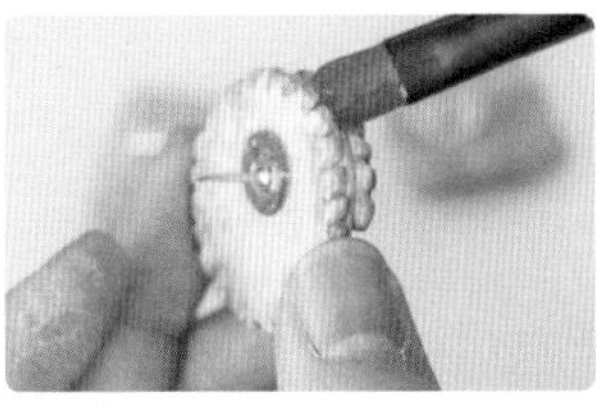

5 先上胶水，等待胶水干透之后再上背面的光油会更加牢固。晾干。

6 补一补侧面的光油。

7 小饼干胸针就做好啦！

★小饼干也可以做成项链或手链哦

组合

黏土小饼干制作完成后，与缎带组合好就可以成为项链或者手链了。

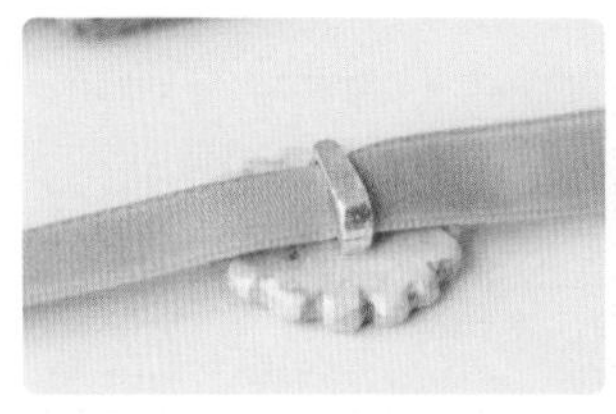

1 给小饼干穿上缎带。

2 加上马口夹、龙虾扣和延长链。

3 项链或手链也完成啦！

Sweet

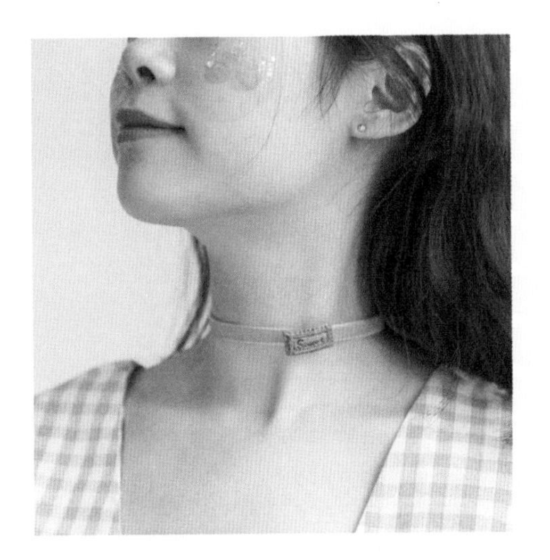

4.2 欧式面包耳环/耳钉

小面包的造型并不复杂，只要仔细观察，就可以做出很生动的面包饰品。

造型

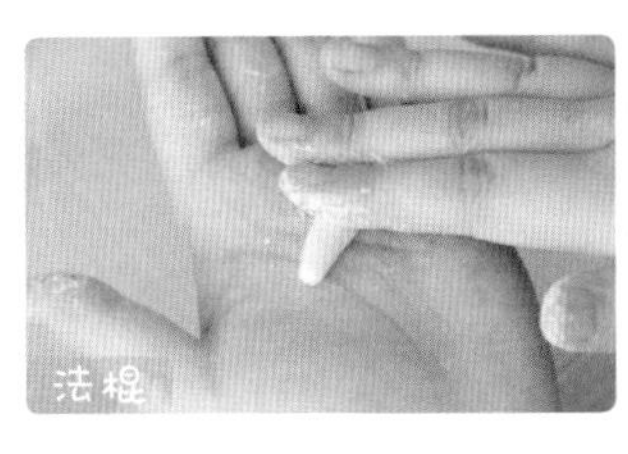

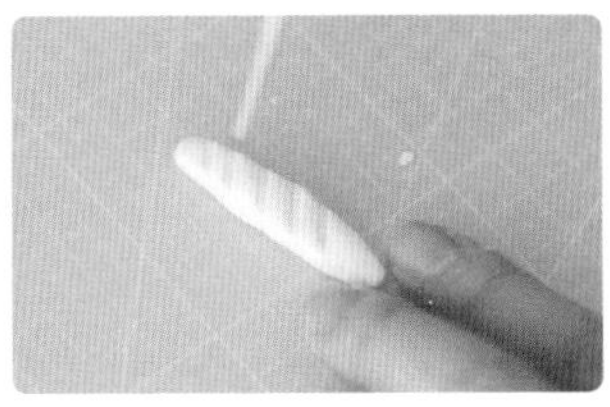

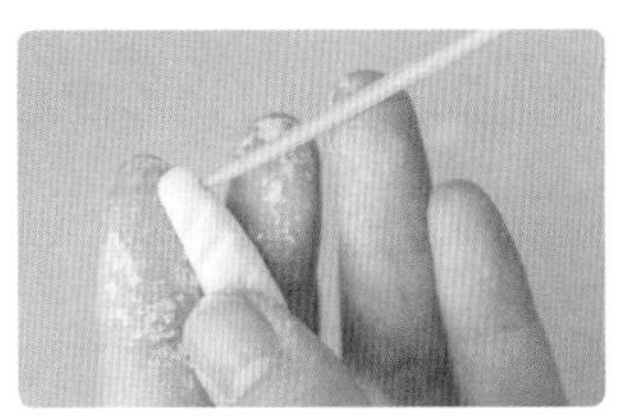

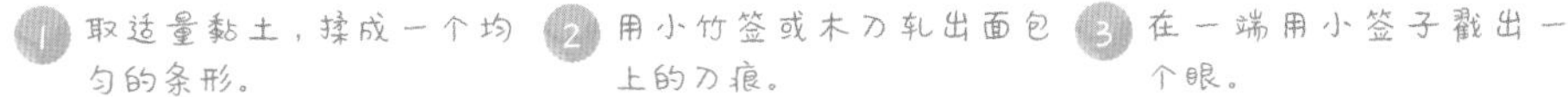

1. 取适量黏土，揉成一个均匀的条形。

2. 用小竹签或木刀轧出面包上的刀痕。

3. 在一端用小签子戳出一个眼。

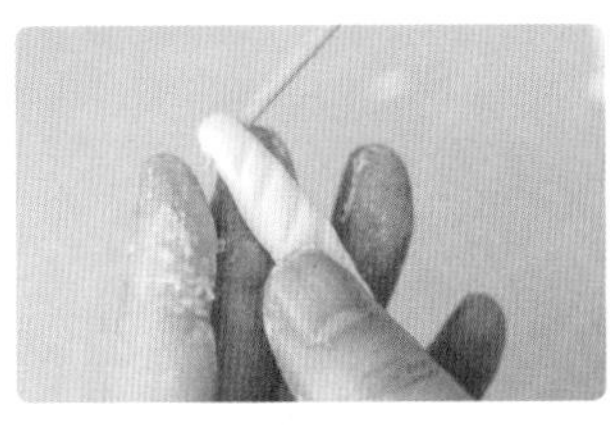

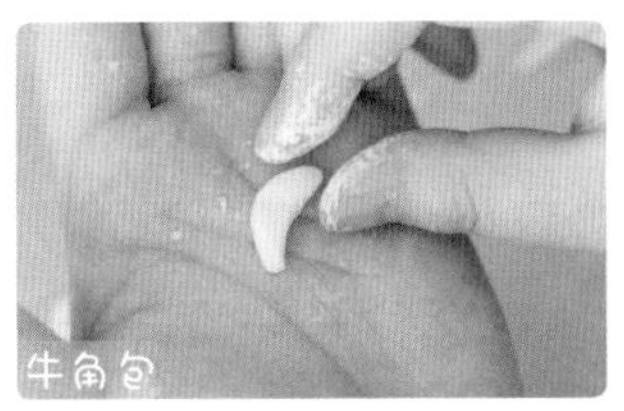

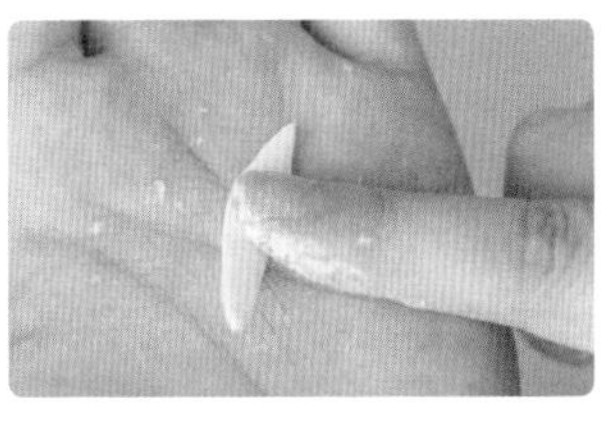

4. 戳眼的时候可以旋转着小签子，扎匀一点。

5. 取一小块黏土，捏成一个中间宽两端窄、弯向一端的小牛角包。

6. 另搓一个小长条，用手指按成片。

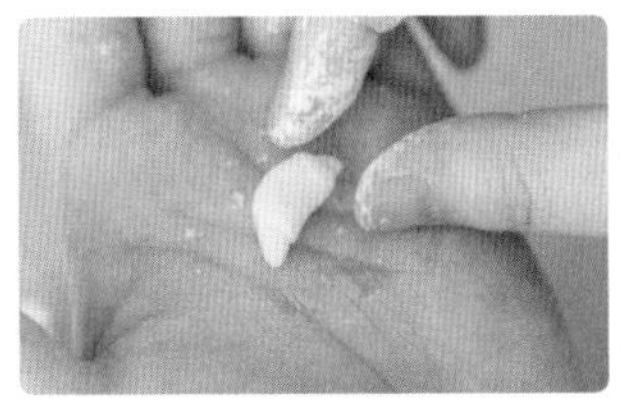

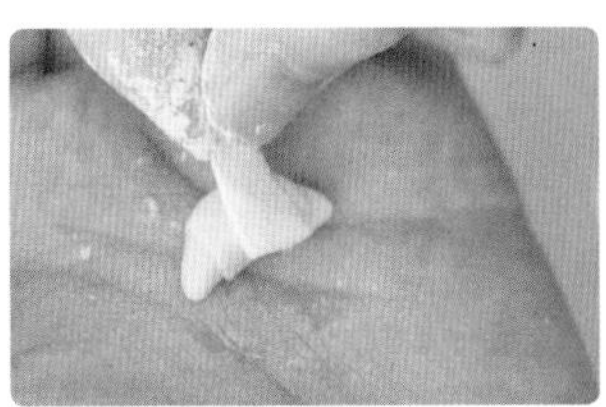

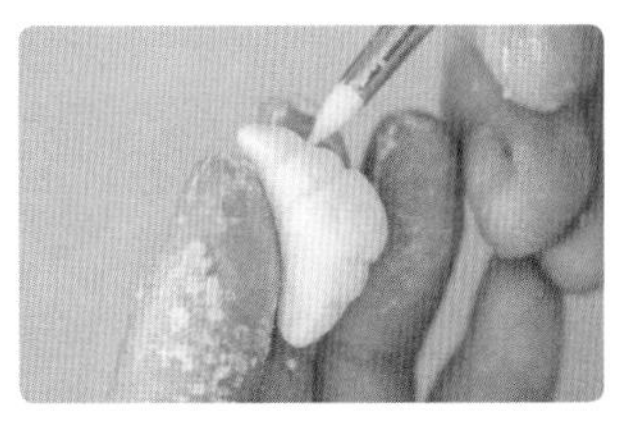

7. 剪一小片，蘸一点水，裹在一开始做的牛角包上。

8. 再剪更窄的一小片，继续裹上去。

9. 用工具蘸水，修饰一下连接处的细节。同时也加强了黏性，让它们更好地黏合在一起。

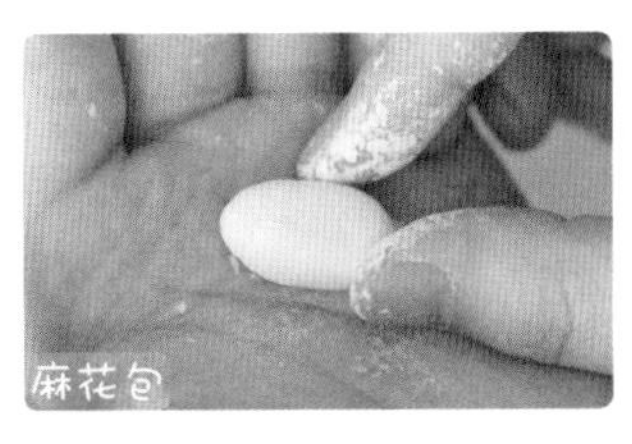

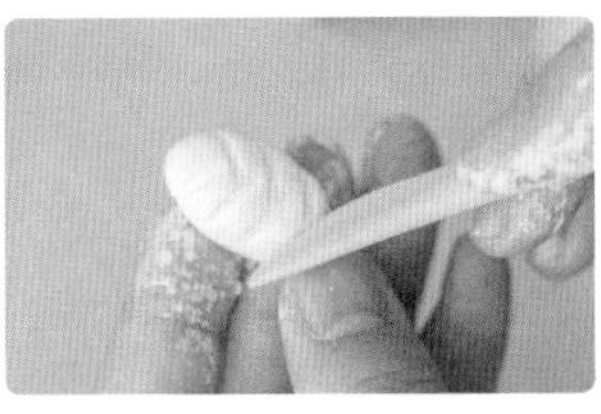

10. 取一小块黏土，捏成一个椭圆形。

11. 用木刀在上面轧出麻花的形状就可以啦。要记得戳洞哦！

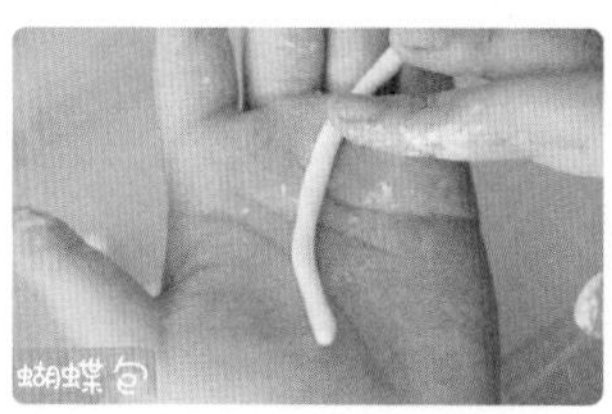

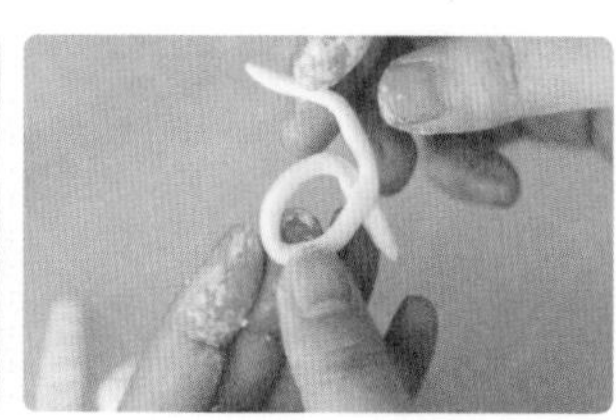

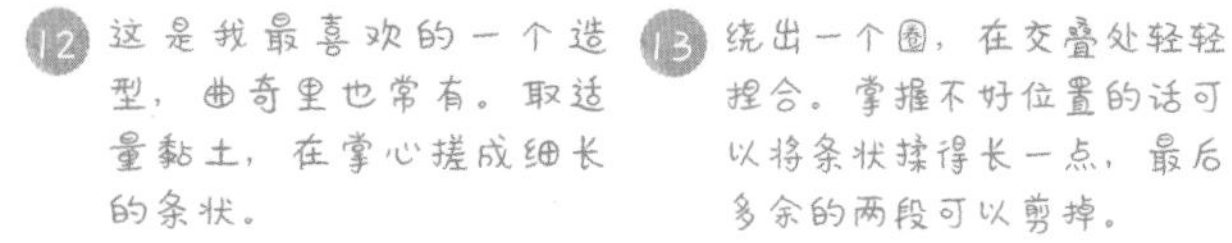

12 这是我最喜欢的一个造型，曲奇里也常有。取适量黏土，在掌心搓成细长的条状。

13 绕出一个圈，在交叠处轻轻捏合。掌握不好位置的话可以将条状揉得长一点，最后多余的两段可以剪掉。

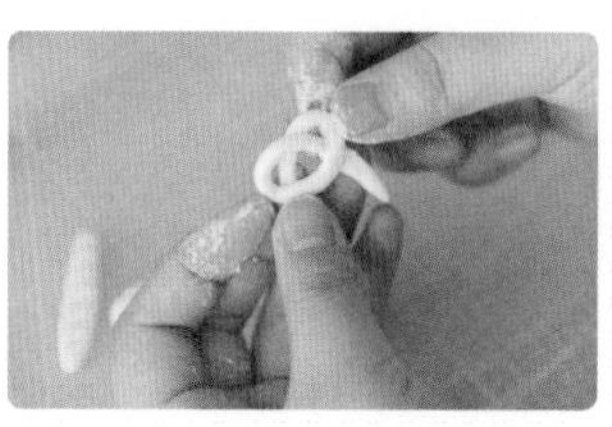

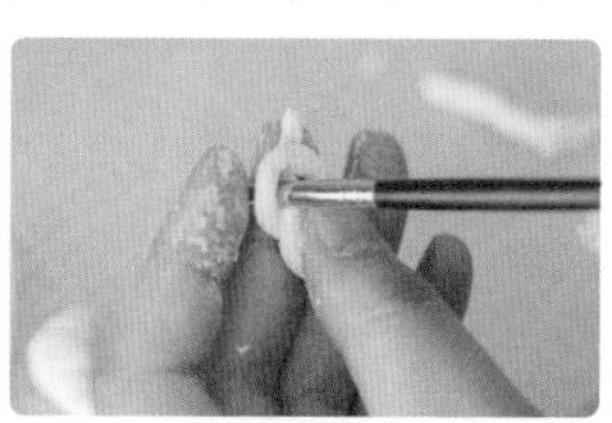

14 将另一端绕回来，注意对称，轻轻捏合交点。

15 用工具调整形状。

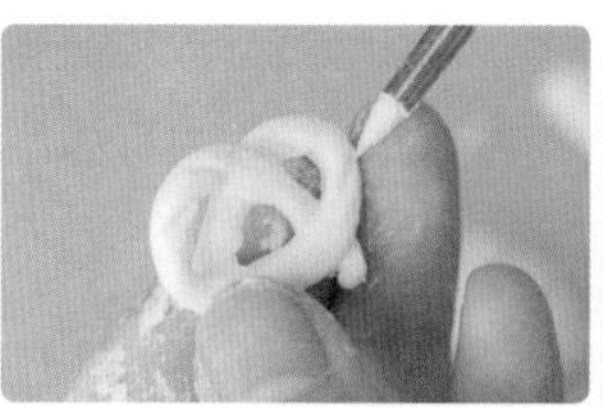

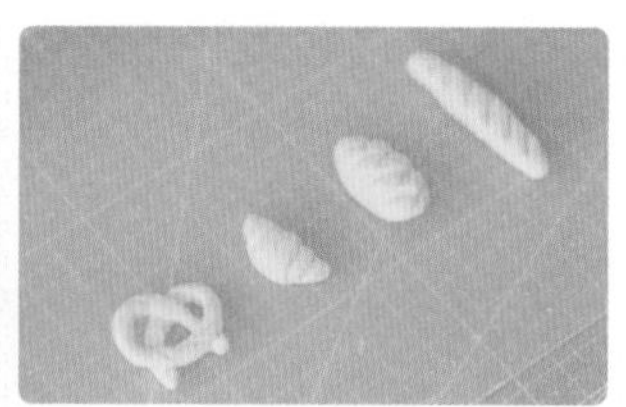

16 蘸水，加强交点处的黏合，同时也轧出面包的纹路。

17 四个小面包捏好啦！

打磨

小面包不用打磨，因为主体比较小，而且面包原本就是手揉的，对纹理没有很规整的要求。

上色

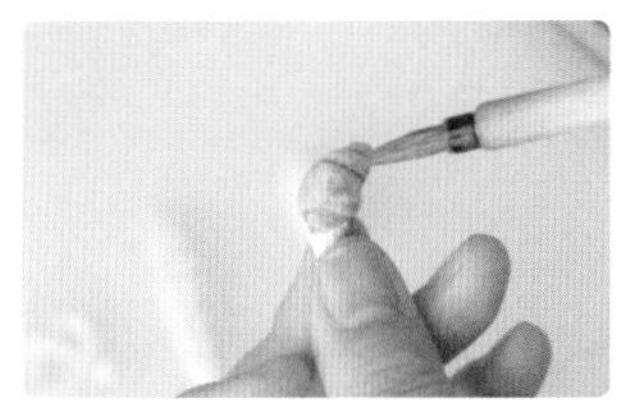

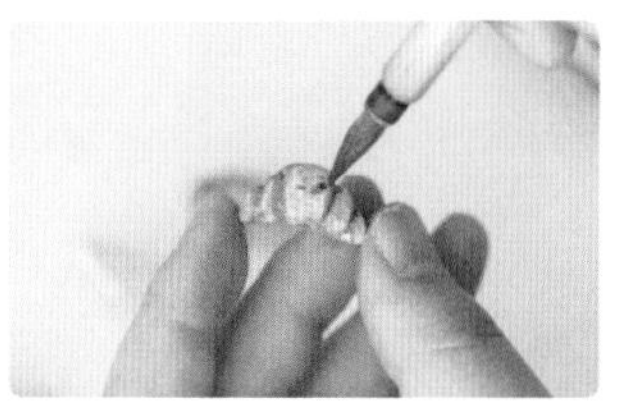

1 面包的上色和小饼干比较类似，可以选择土黄色，迅速铺一层底色。

2 再用赭石色、褐色等深色调和，画出褶皱和纹理。

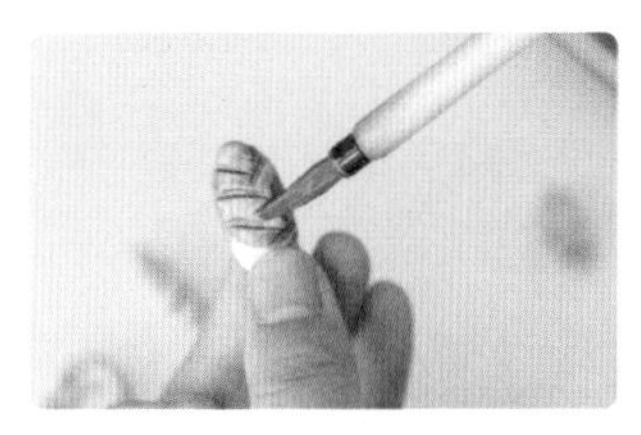

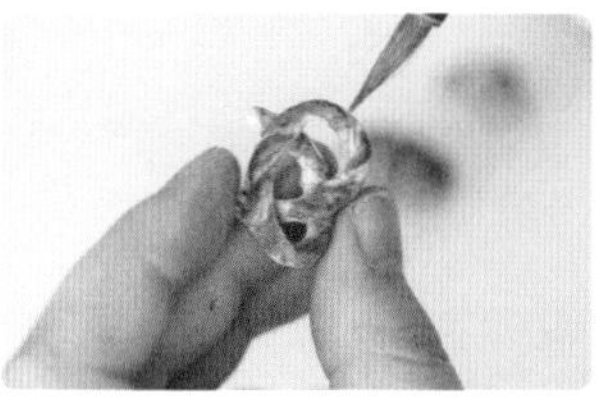

3 对麻花包我选择做巧克力味的。

4 对于蝴蝶包要注意深浅纹理，会显得很逼真哦！

封油

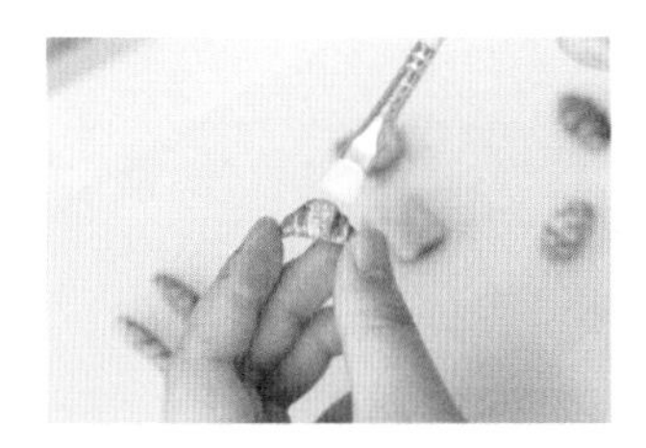

刷上一层光油，还是要分步刷哦！不要心急，尤其是做小东西，光油没有干透的时候很容易粘到手上。

其实小面包做好后，直接做个小袋子装起来，就是非常可爱的袖珍小摆件。
最后，按照自己的喜好，组装出各种面包小耳饰吧！

★ 欧式面包做成项链也很有趣哦

★ 其他造型的欧式面包耳环 / 耳钉

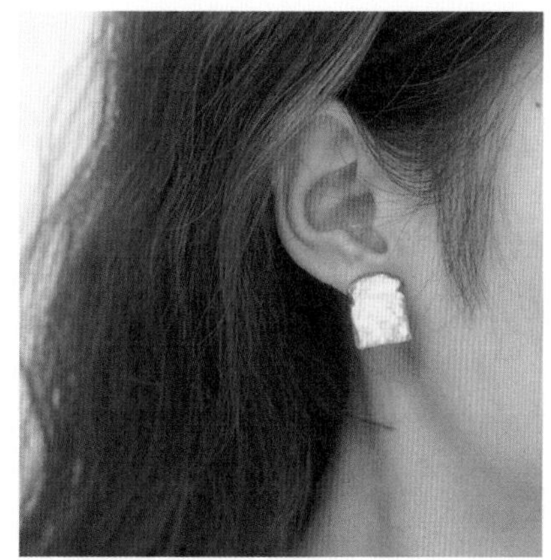

做西蓝花的时候，如何把它的细节纹路刻画得细致是最关键的。另外，上色的时候要多观察西蓝花“本尊”哦！

4.3 西蓝花耳饰

蔬菜里适合用黏土造型的并不很多，而像西蓝花这样的球状又有细节的蔬菜非常合适！

造 型

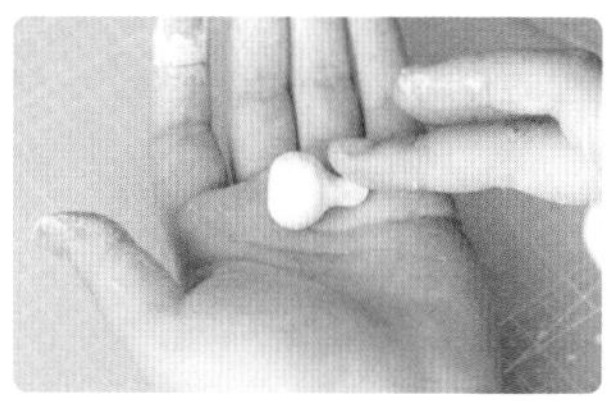

1 取一小块黏土，揉成一个圆球之后，在一头搓出一个小圆棍。

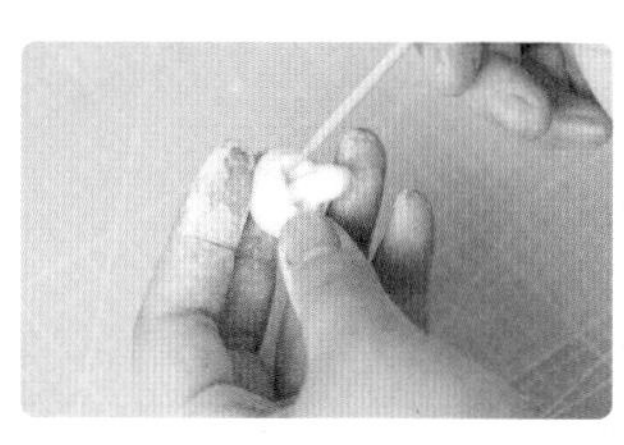

2 戳出西蓝花茎的纹路。

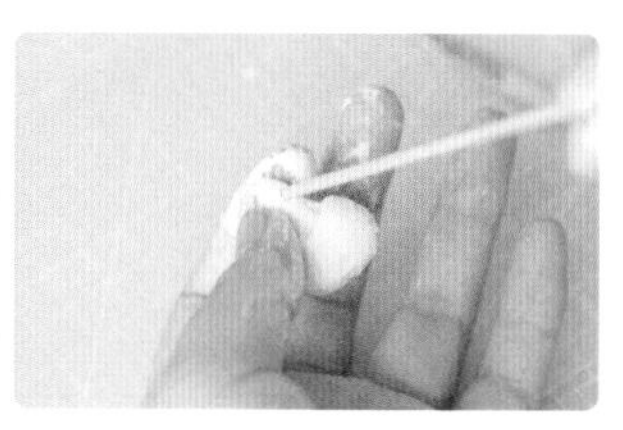

3 在尾端戳出一个洞用来穿圆环。

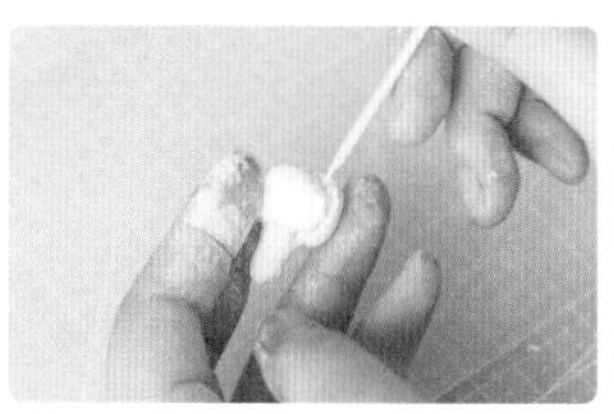

4 戳出顶端的菜花纹路。

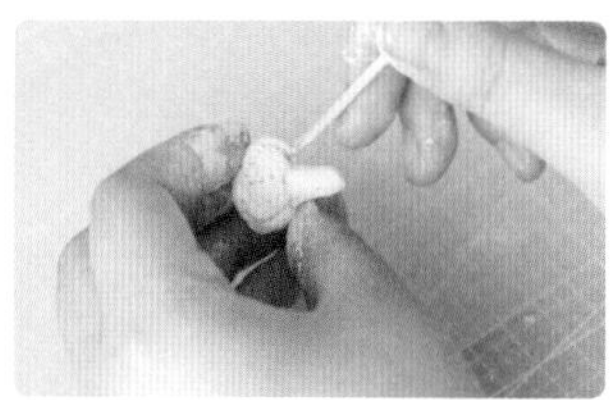

5 细致地整理西蓝花的纹理，在表面扎上小眼。

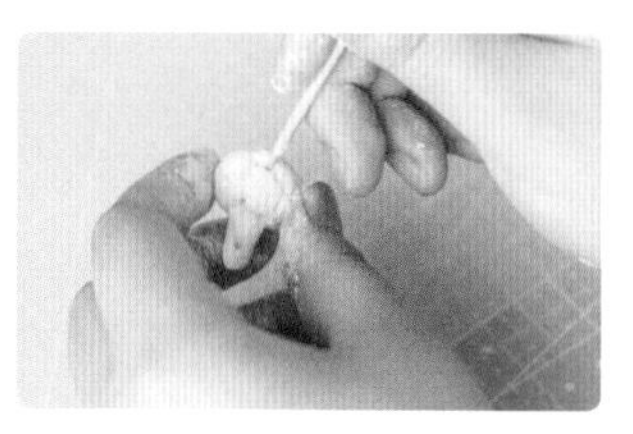

6 加深主要纹理。

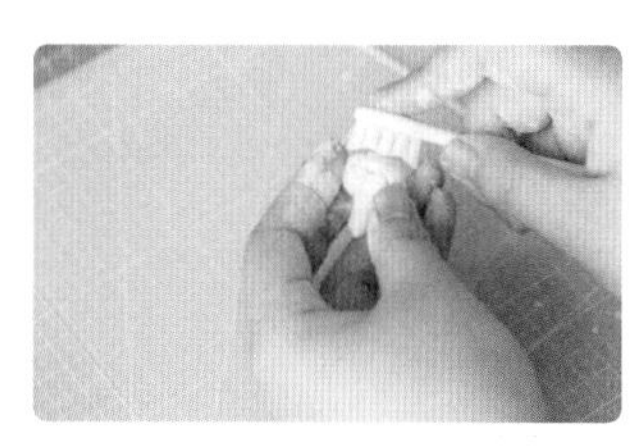

7 用牙刷在“菜花”部分压出小纹理。

最后这一步是我的小诀窍：可以在“菜花”部分涂上一点水，用废弃的牙刷头压一压，让表面更加自然。

上色

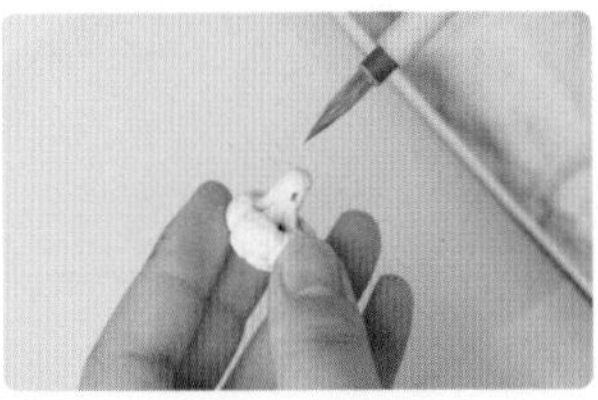

1 先用比较淡的绿色给西蓝花茎上色。注意上淡色的时候只是颜料中水的配比比较多，笔上的水量不能太多。

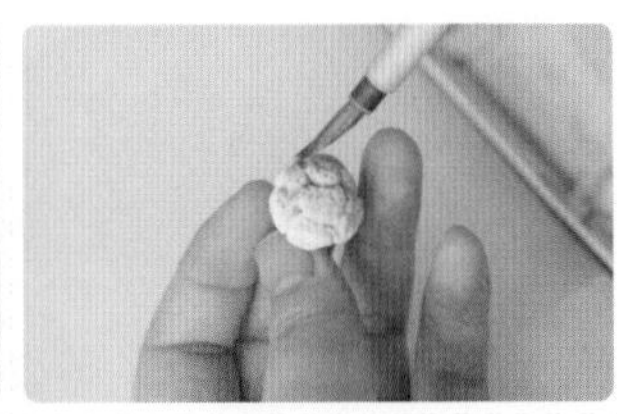

2 菜花部分可以混一些不同的绿色和黄色，让它接近真实状态下的菜花。

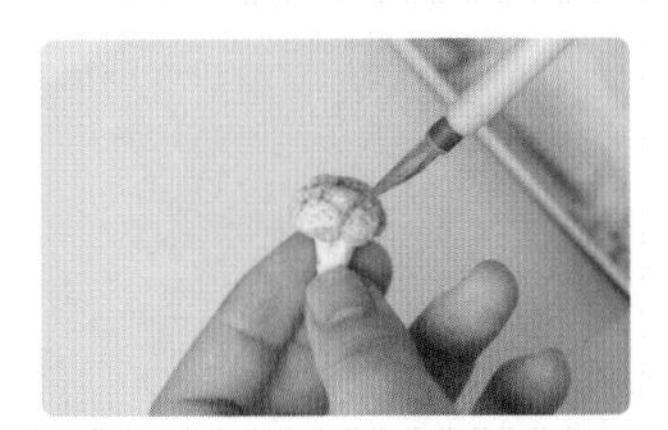

3 加深一下每一小朵菜花的周边。

封油

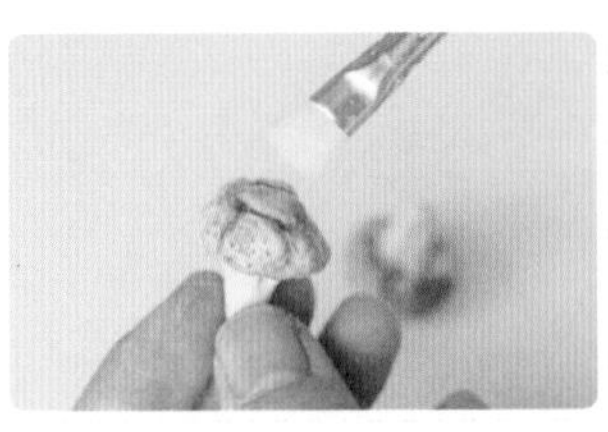

1 先给菜花部分刷一层光油。

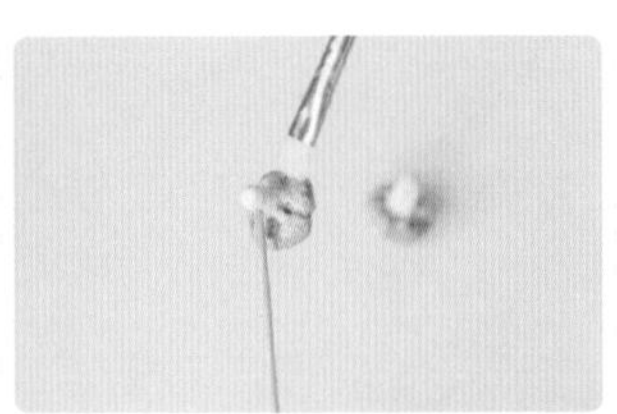

2 上菜茎部分的时候，可以把西蓝花扎在竹签上，等风干之后再取下。

★ 蔬菜饰品集

Cute

4.4 小菠萝耳钉

菠萝是非常可爱的水果，一看就能让人心情好起来。

造型

1 取一小块黏土，揉成一个小圆球。

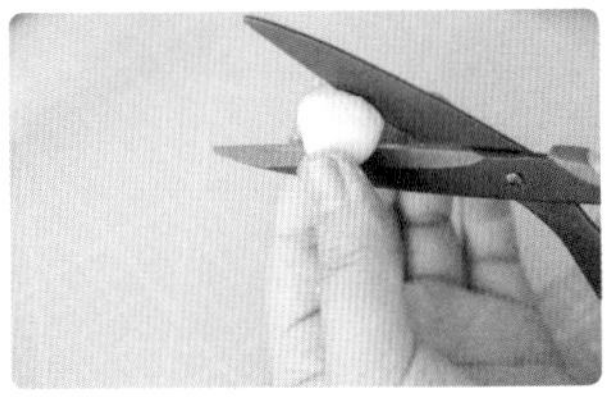

2 用剪刀剪成两个半球。

3 剪开之后会有些变形，将其恢复成半球的形状，按扁一点点。

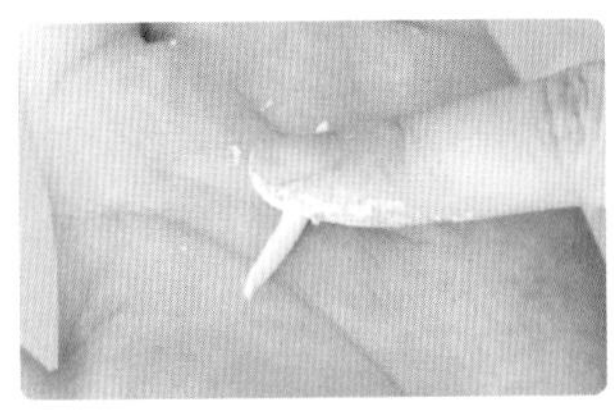

4 取一小块黏土，搓成长2cm左右的条状。

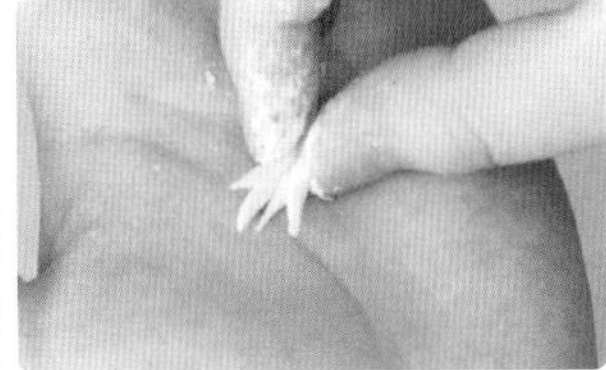

5 将四五条小黏土放在一起，用手将中间捏合，两端可以捏出菠萝叶形状。

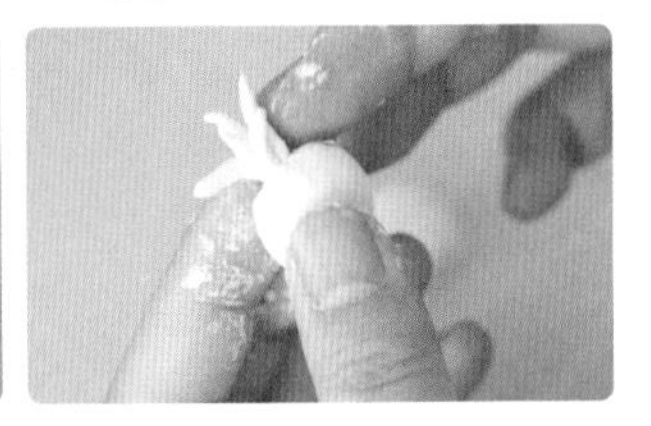

6 蘸些水，将菠萝叶和小菠萝黏合。可以用细棒或牙签戳一戳，使其更牢固。

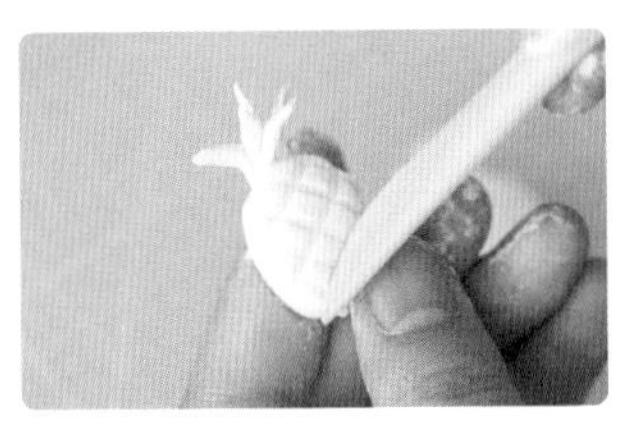

7 用木刀轧出菱形的“菠萝”纹。

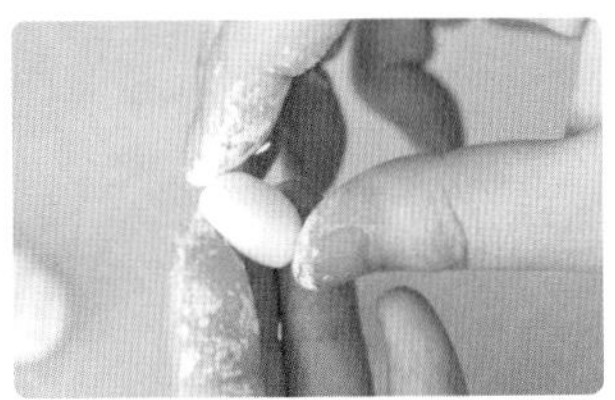

8 用同样的方法捏出小一点儿的半椭圆形状的球体，用来做削完皮的菠萝。

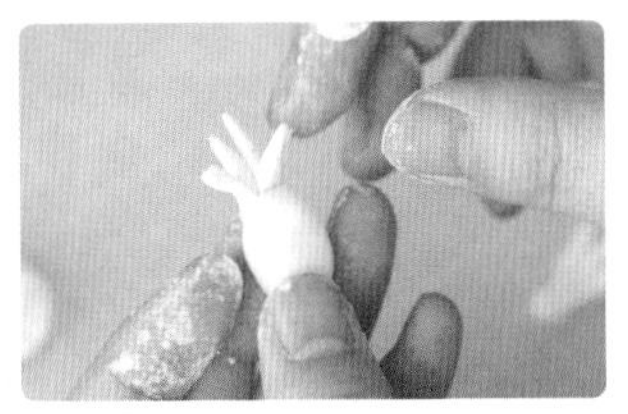

9 用同样的方法装上菠萝叶子。

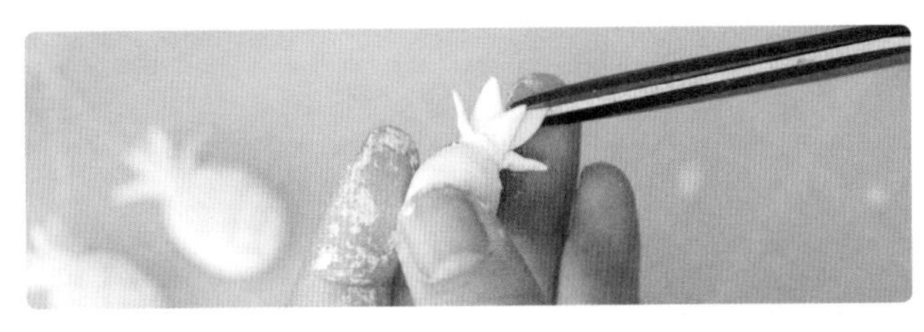

10 用笔杆或工具刀把小叶片压扁，调整叶片的形状。由于耳钉比较小，所以我一开始做叶片是一片片地做，很难黏合。现在是一起捏出小叶片，然后再调整形状，这样更容易操作。

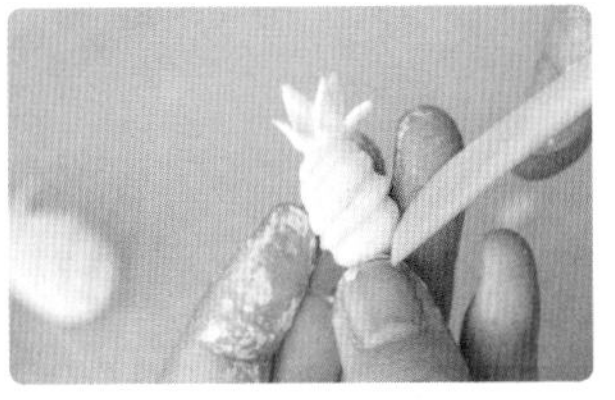

11 用木刀轧出斜的削菠萝的纹路，需要轧深一点哦！

打磨

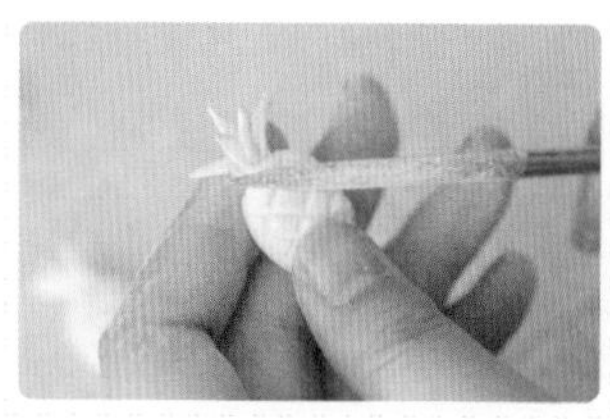

1 用小圆锉的平面修饰形状。

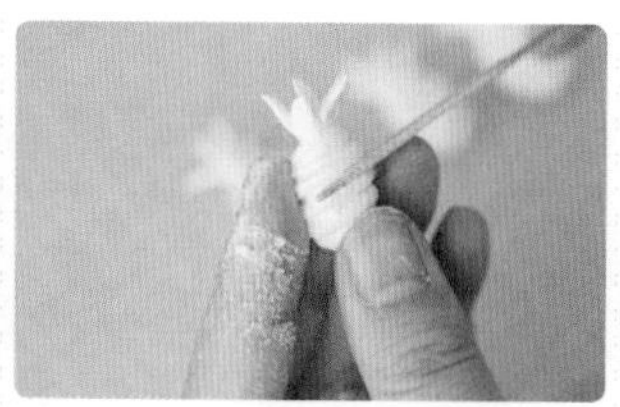

2 在侧面加深沟痕。

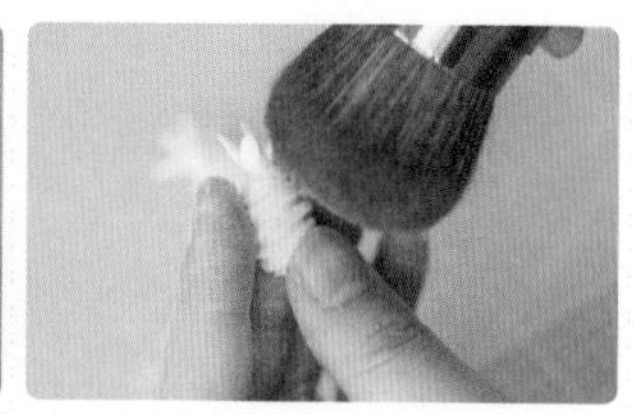

3 用大毛刷将浮粉刷去。

上色

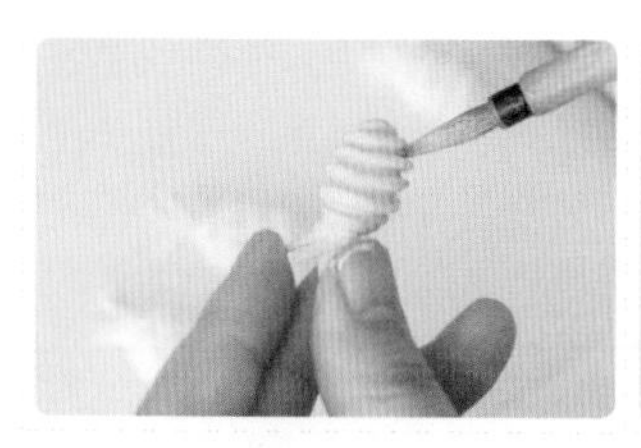

1 我先给“削皮的菠萝”上了色，因为它的颜色比较简单一些，只需通体刷上金黄色就可以啦！

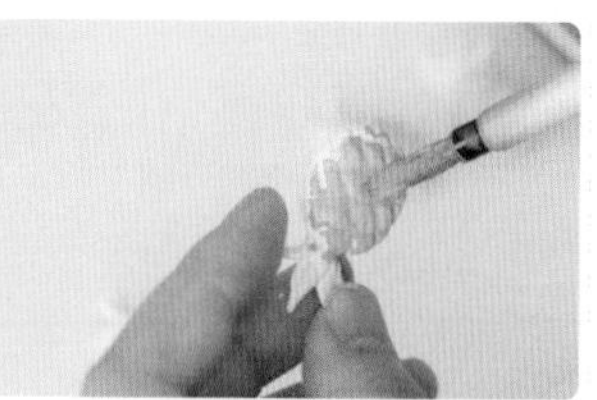

2 给“带皮”的菠萝先上一层黄色。

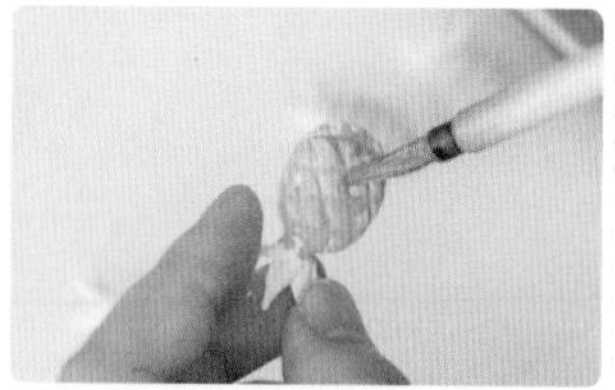

3 靠近底部的地方可以混一点橙色。

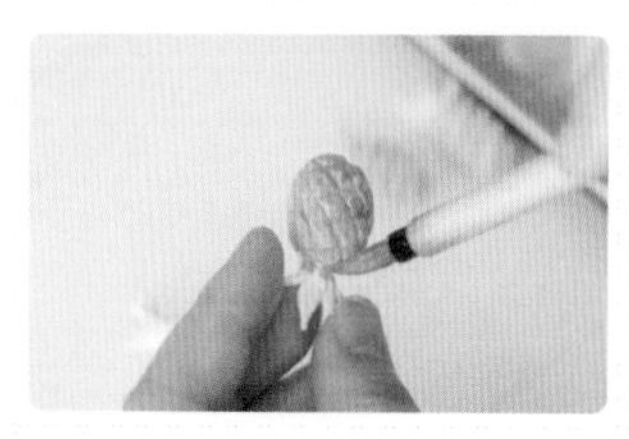

4 靠近叶片之处可以上一点绿色。

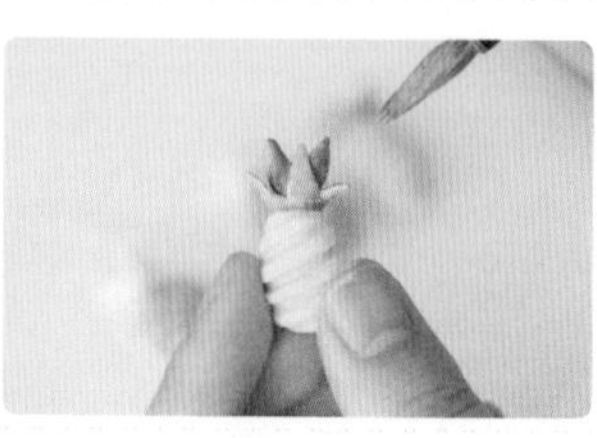

5 叶子在上色的时候注意要有深浅变化。

黏合与封油

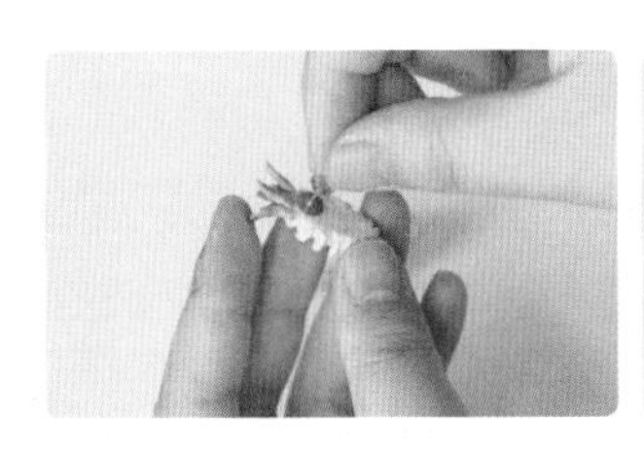

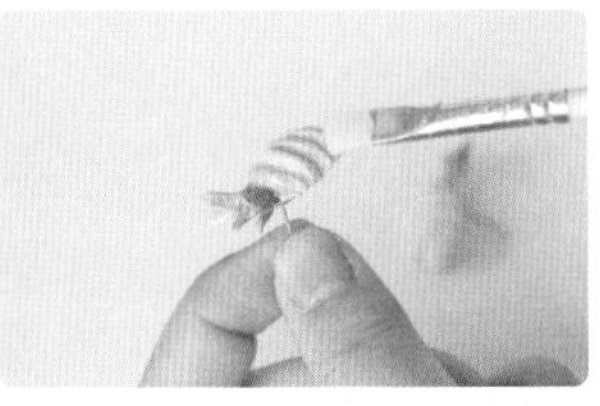

1 做耳钉一类的饰品，还是先把配件用强力胶粘上。

2 再刷上光油晾干就行了！

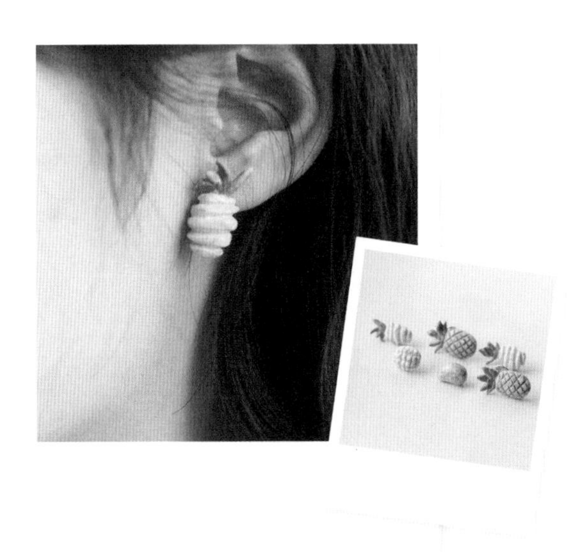

★ 小菠萝帽饰/袖扣

Bread

第 5 章

今天要很优雅

——花花草草主题小物

第 5 章相对来讲是非常有难度的一章。花卉的细节塑造本身就会比较难一些，而且部件组合的操作很多，组合造型很容易在制作过程中破坏原本捏好的形状，大家千万要细心哦！另外，在组合方式上也有比之前更复杂的非平面的固定方式。不过不用怕，慢慢做、多多做，锻炼动手的能力和技巧，上述困难都可以克服！

除了黏土之外，还要用细铁丝来固定并造型，需要很细心地调整哦。另外，在上色过程中可以参考自然界中花卉的色彩，稍微上一些邻近色，会让花卉看起来更有生机。

5.1 花束发圈

小花束的关键在于需要把很多小的单体组合起来！

造型

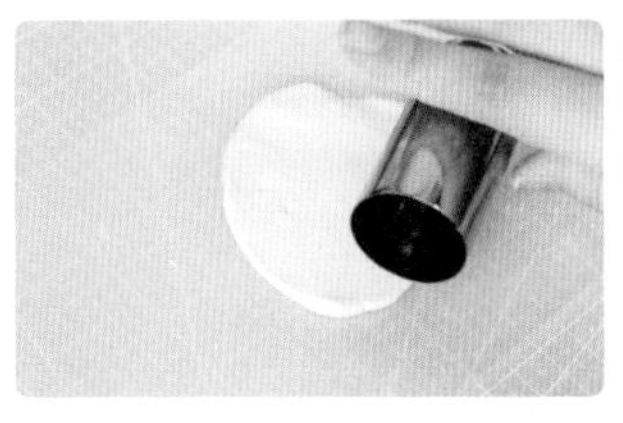

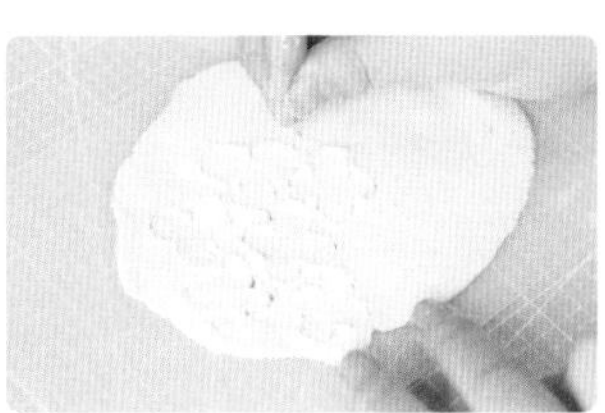

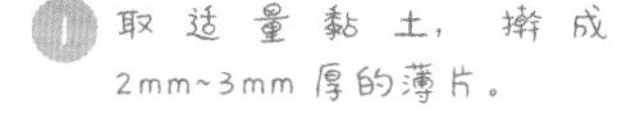

1 取适量黏土，擀成2mm~3mm厚的薄片。

2 用细铁丝（越细越好）划出四瓣花和叶子。叶子划出叶脉的痕迹。

3 把多余的部分去掉。

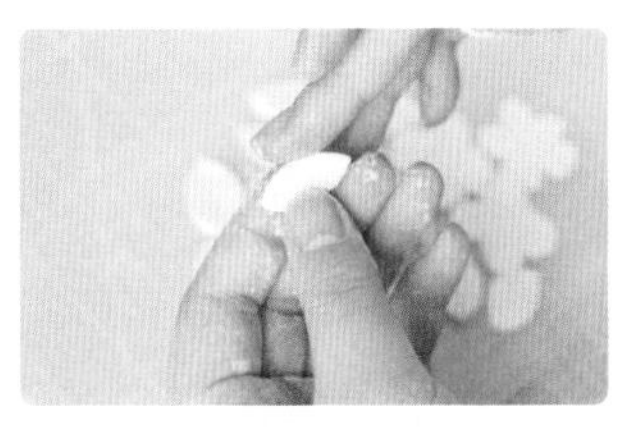

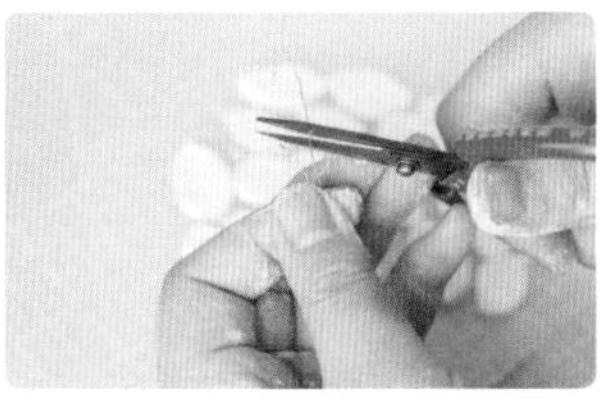

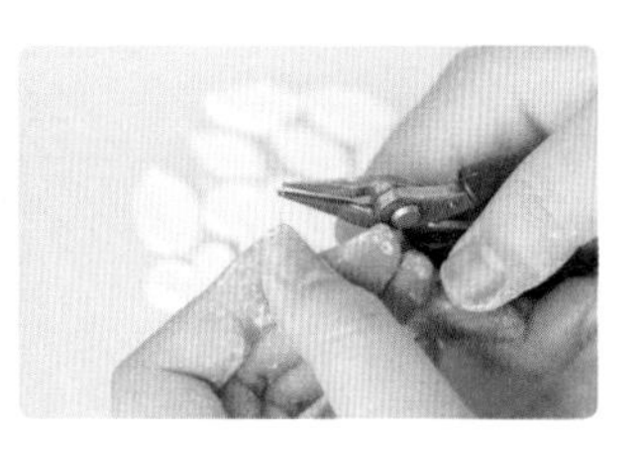

4 用手指蘸少量的水，修饰每个叶片的形状。

5 剪一小段细铁丝。要用直径0.5mm以下的软铁丝。

6 用尖头钳在铁丝的一端卷出一个小环。

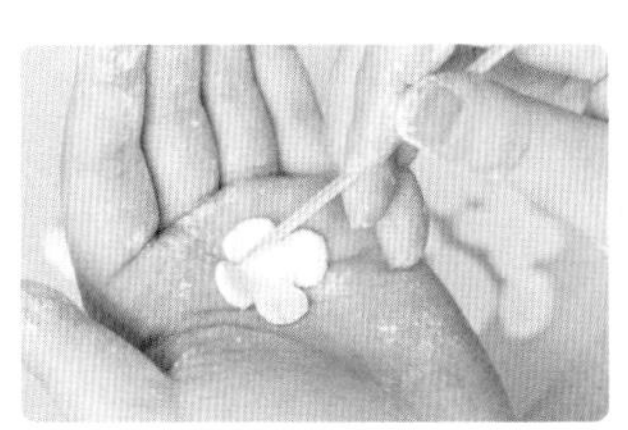

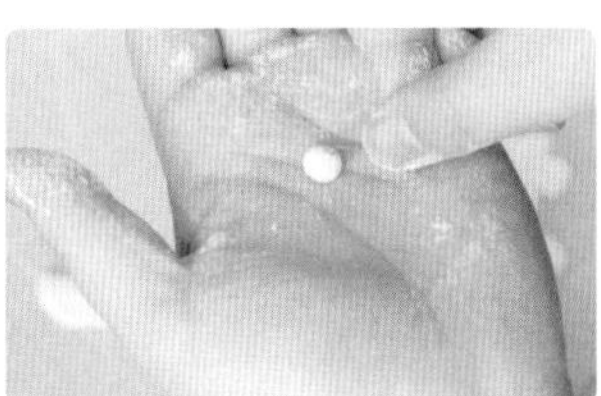

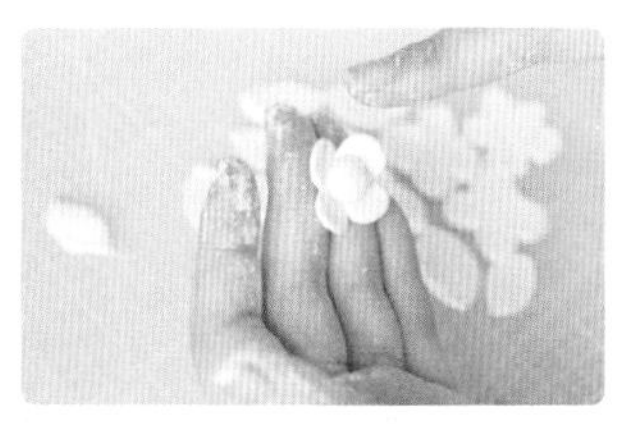

7 在手心给小花瓣修形，并轻轻按出花瓣的弧度。

8 揉一个小球作为花蕊，将铁丝圆环那一端按进花蕊。

9 将花蕊与四瓣花黏合，细铁丝要穿过四瓣花。进一步塑形，然后晾晒。

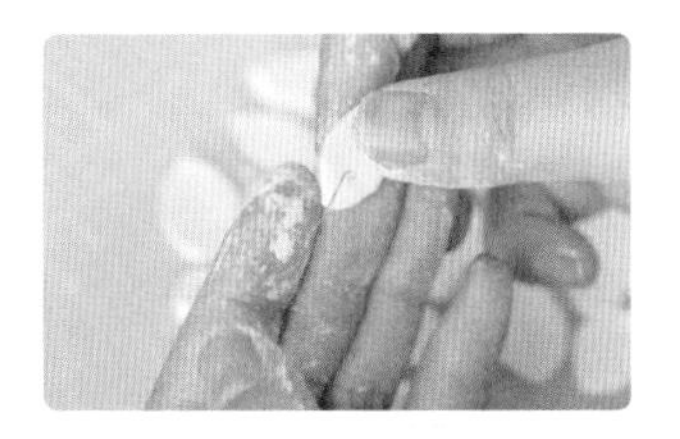

10 将有圆环的一段按进叶片的根部，注意方向，不要让铁丝露出来。这样，叶子和铁丝的连接就比较牢固啦！

为了让花花们组合在一起时看起来有生机，要注意稍微改变一下花花的大小和形态哦。有盛开的，也有含苞待放的，不要所有的花花都一模一样。

打磨

用砂纸打磨晾干之后的小花和叶子。

上色

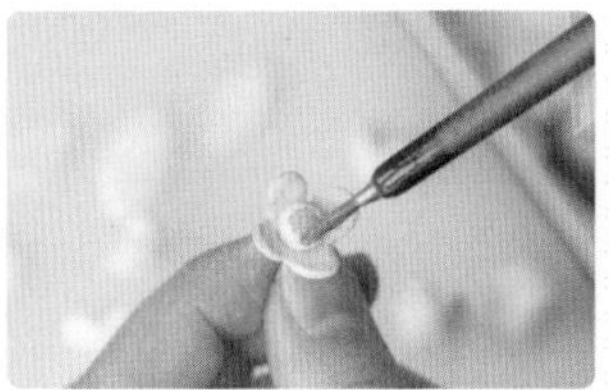

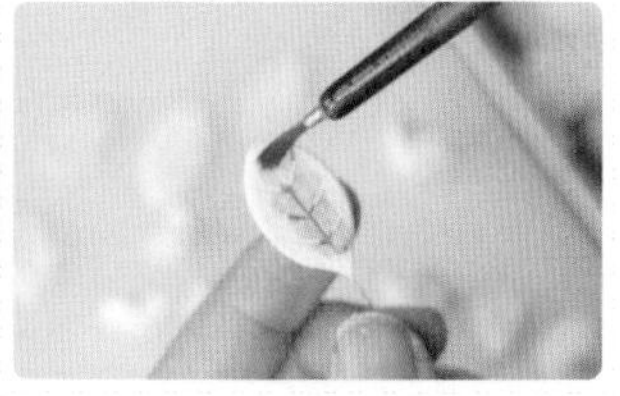

1 给花朵上色，天蓝色和粉色都是非常美的颜色哦。也可以混一点紫色。

2 给叶片上色时，之前预留的叶脉压痕就会自然浮现，可以用深色勾勒叶脉。

3 上完颜色后，可以把组件插在小泡沫上等待风干。风干后，通过预留出的细铁丝将花朵的叶片组合成花束。

封油与黏合

给小花上光油的时候一定要小心缝隙，如果不小心上得太多，会在缝隙中堆积。

1 等光油也风干之后，将花花和叶子插在一小块黏土上，调整到最满意的造型，等待黏土底座风干。

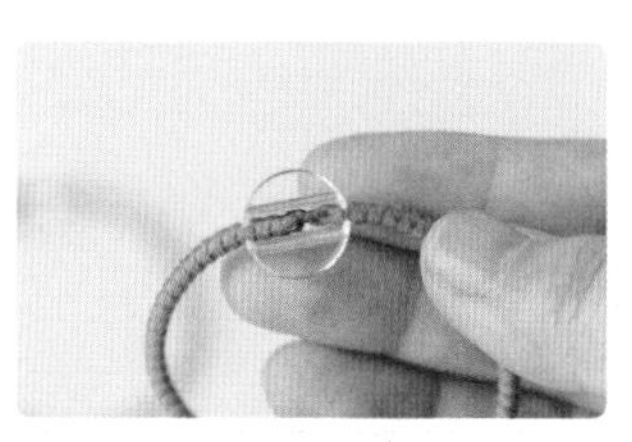

2 在准备好的发绳的接缝处放入合扣，并挤上慢干胶水。

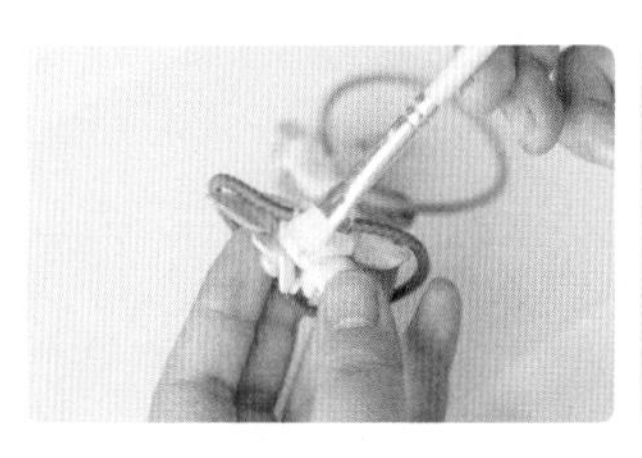

3 等慢干胶干透之后，用万能胶将发绳和黏土小花粘在一起，再在底部刷上光油。

4 花束发圈就做好啦！

★ 耳钉、戒指、项链都可以是花朵！

Show
Time!

多肉胸针是稍微有一点难度的作品，最关键的地方在于既要保证每片叶子的独立形状又要相互黏合。在做稍微大一些的多肉植物时，建议用金属丝来连接。做小多肉植物（如耳钉）时，可以直接用水黏合。

5.2 多肉胸针

做一个可以养在掌心的多肉植物吧！

造型

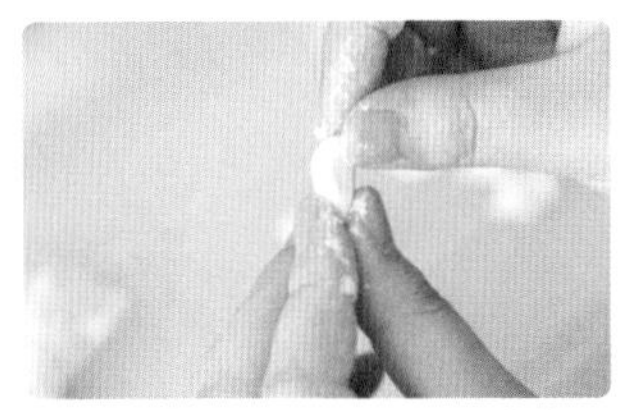

1 取一小块黏土，捏出多肉植物叶片的形状。

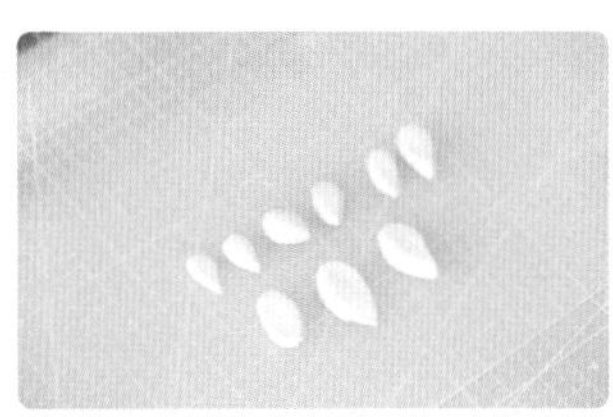

2 参照多肉植物，做一系列的叶子，按照大小依次排列。

3 剪好适当长度的金属线，在一端用圆头钳绕出一个圈。

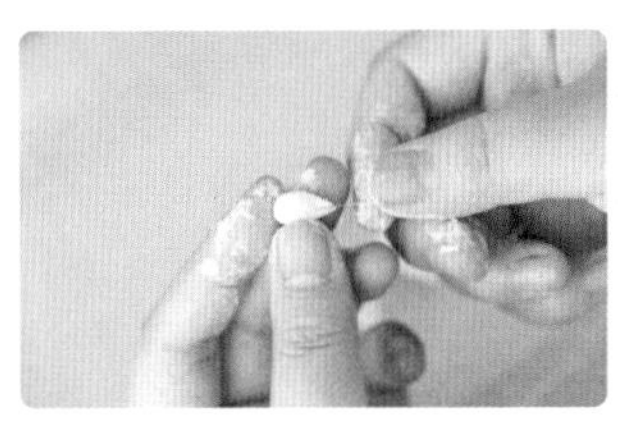

4 把金属线圆环插进做好的多肉叶片里。

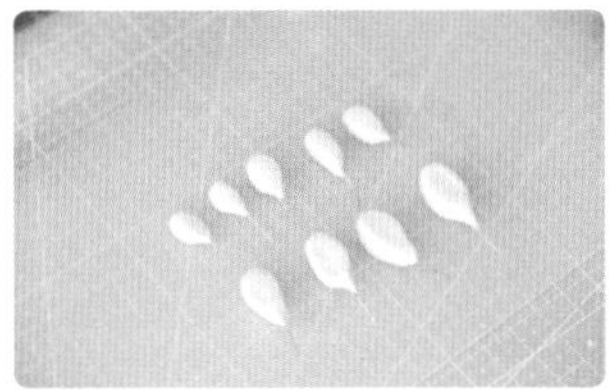

5 全部插好之后晾一小时左右，让叶片表面稍干燥一些，否则金属线容易移位。

6 捏住金属线，将叶片组合在一起。

7 从小到大、从中心往外组合。

8 一点点地调整形态，模仿多肉植物的造型。

9 在底部将金属线缠绕固定。这一步一定要用尖嘴钳，这样操作可以很精准。缠绕之后将多余的金属线剪去，把尾部向内旋转隐藏。

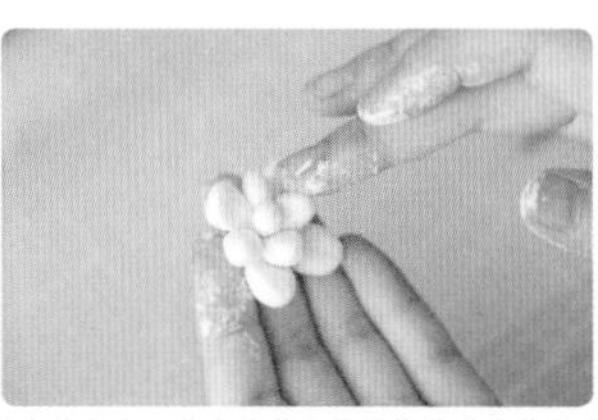

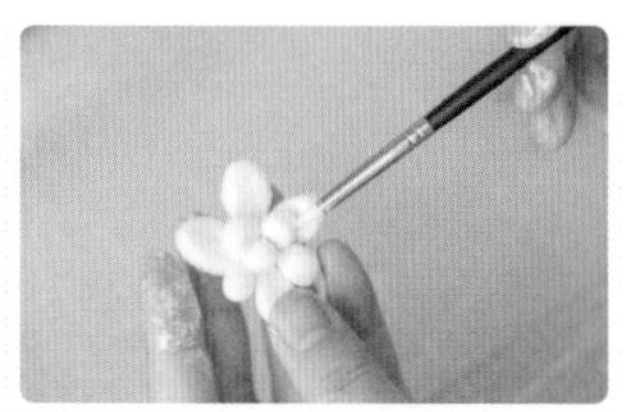

10 用手指蘸水打湿叶片底部结合的位置，也可以加入一些新的湿润状态的黏土，将金属线完全隐藏。

11 调整正面的形状。

12 用工具蘸水在叶片结合处涂抹，让叶片之间连接得更紧密。

打磨

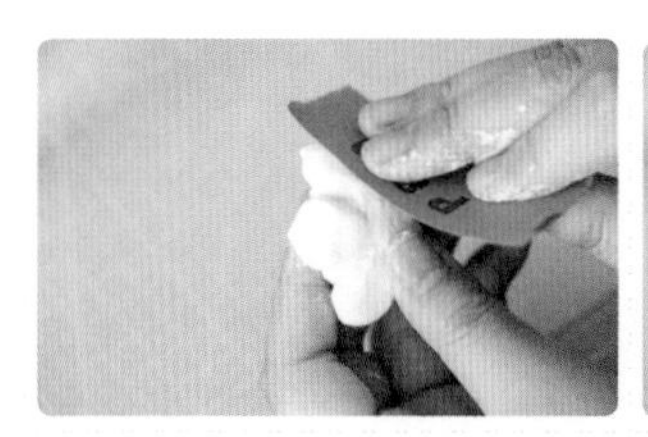

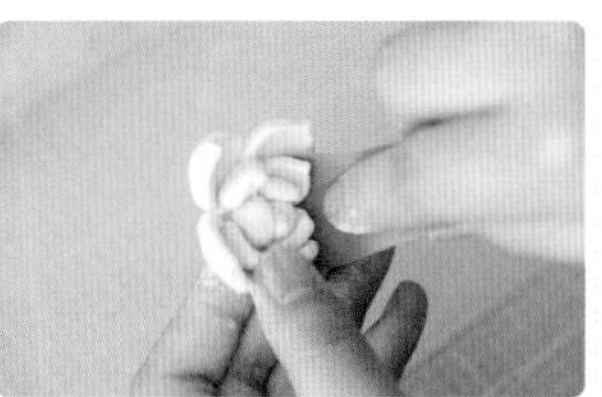

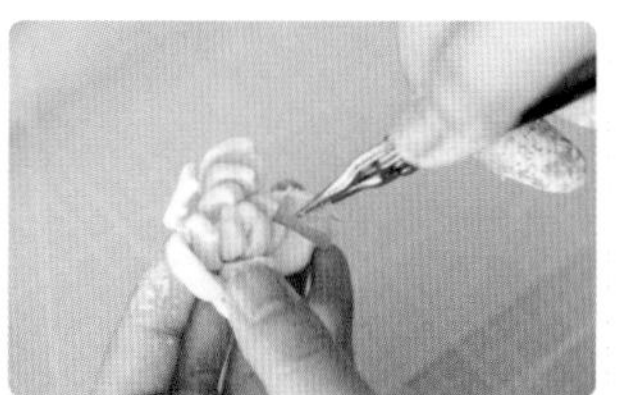

1 这里打磨宝石花多肉。这个造型比较大，需要打磨平滑的面比较多。先用砂纸在背面打磨。

2 打磨叶片的内面时需要将砂纸稍稍弯起来，用手指抵着打磨。

3 如果遇到特别细小的角落需要，可以用镊子或钳子夹着叠好的砂纸打磨。

上色

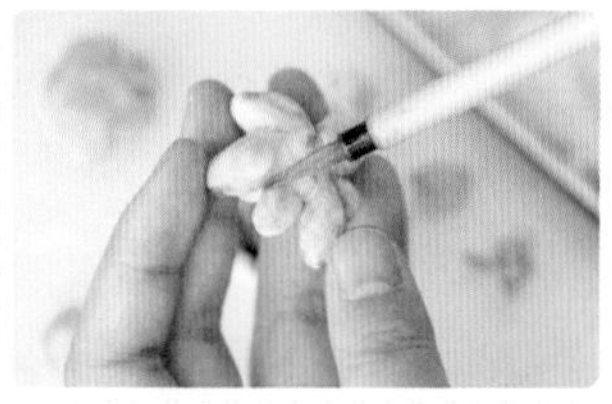

1 像多肉植物这样不规则的、需要通体上色的小物，要特别注意手捏的地方，千万不要在颜料还没干的时候碰坏了。首先整体铺上草绿色。

2 在叶片顶部，用黄色混合红色上一点儿自然晕色。

3 正面干了之后，背面也要上色哦！

4 如果觉得颜色的饱和度不够，可以多上两层，但是千万不要超过三层。最后用白色的颜料在叶片上点一点高光，会显得很有光泽感。

5 将大大小小的多肉植物都上好色，放到一边晾干。

黏合

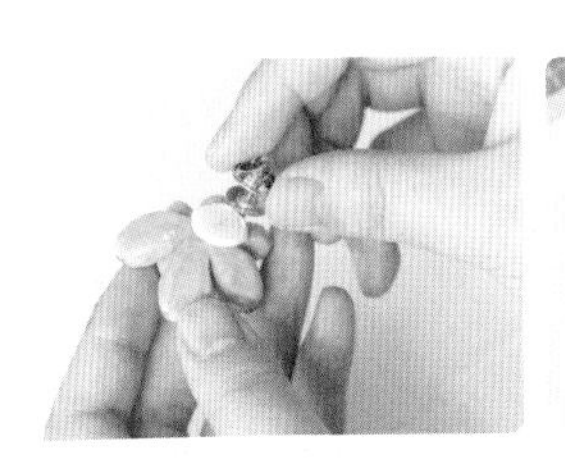

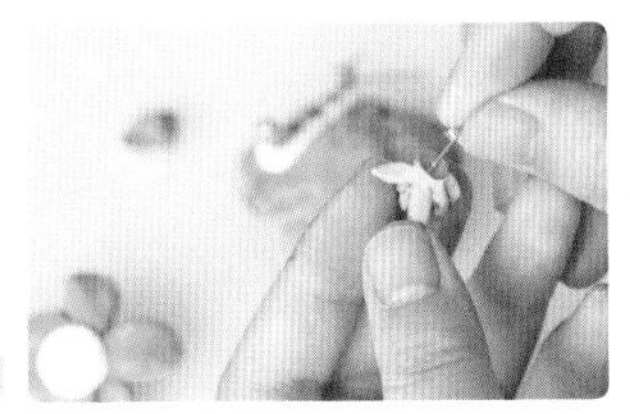

1 对于底部不规则的饰品，当需要将其底部与配件黏合时，需要捏一小坨黏土做一个“托”。

2 根据配件的不同做不同形状的“托”。注意“托”不能太大，太大就不美观了。做完的“托”需要等到完全晾干后才能黏合。

3 涂上强力胶黏合。

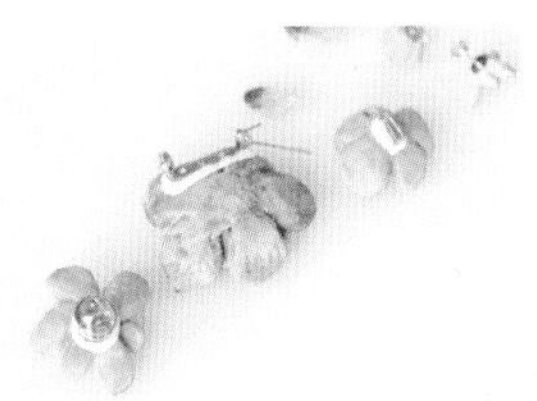

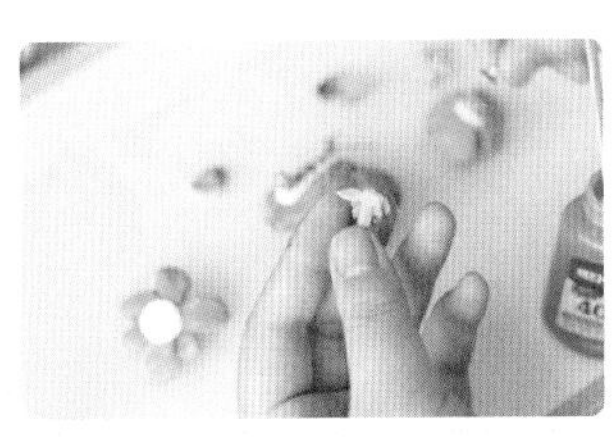

4 先黏合多肉植物和“托”，再黏合“托”与饰品配件。那种扣针的胸针，要特别注意把针打开黏，防止针被胶水粘上。

像耳钉这样的小饰品，可以直接用锉把底部打磨平，有一个黏耳钉的位置就可以啦！

封油

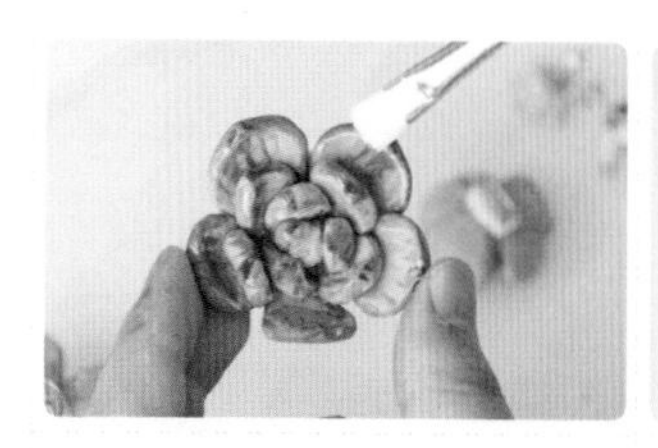

1 正面、背面和“托”都要刷上光油。

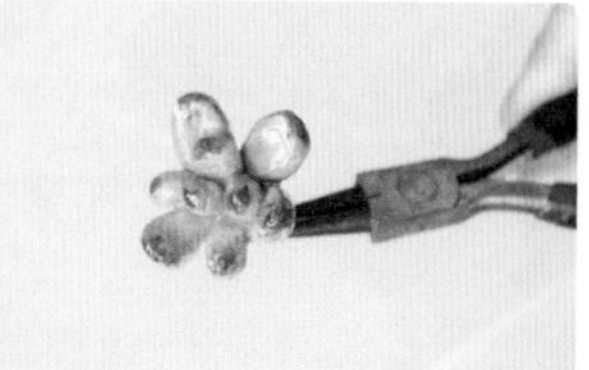

2 晾干之后小胸针就做好啦！

★ 多肉项链和耳钉

Beautiful

马蹄莲算是很好造型的花卉了，做的时候要注意叶片的纹理和花形。另外，在花柄处稍稍整理一下纹路，上色风干上光油之后，用丝带缠住，会显得更加自然、清新。

5.3 马蹄莲冰箱贴

马蹄莲的造型，大的可以做冰箱贴，小的可以做耳钉。装上强力磁铁也可以用来做耳夹。

造型

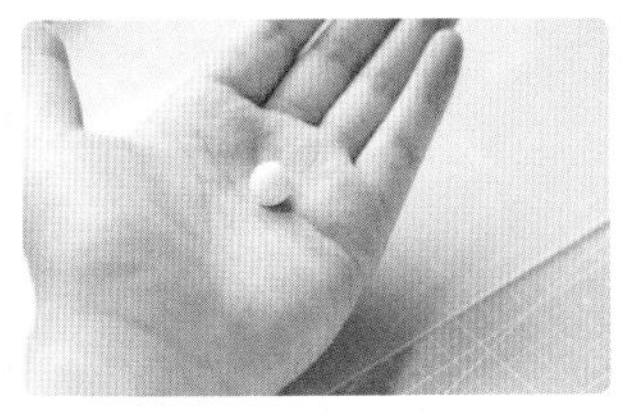

1 取适量黏土，揉成小团。

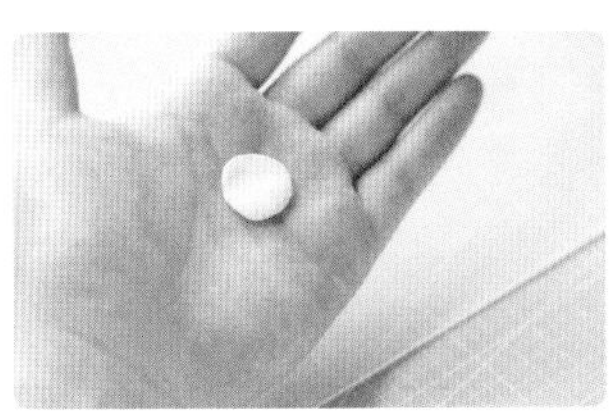

2 压成直径15mm左右的小圆片。

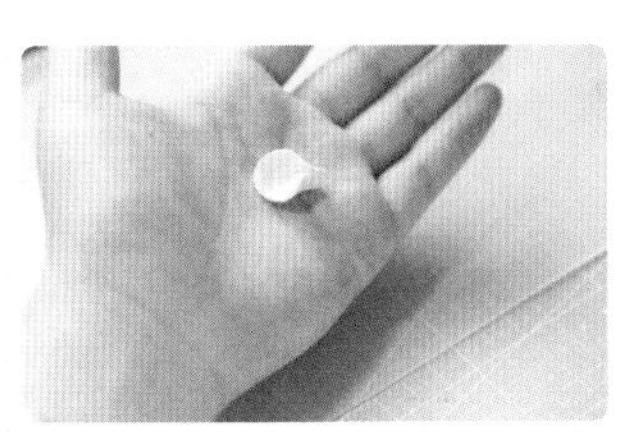

3 捏起圆片的半边，揉成条状。

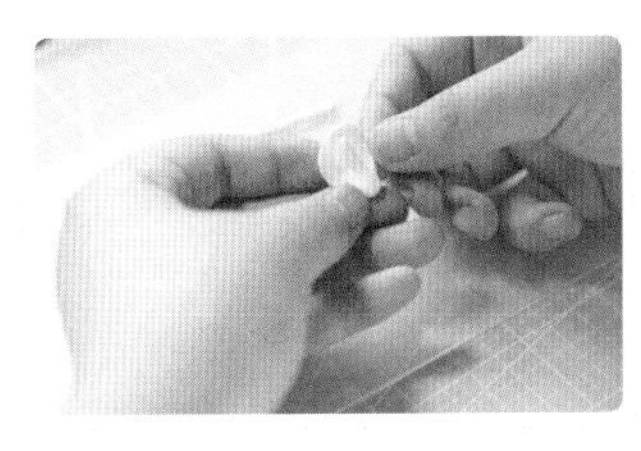

4 将细条折回到半片圆片中包起来。

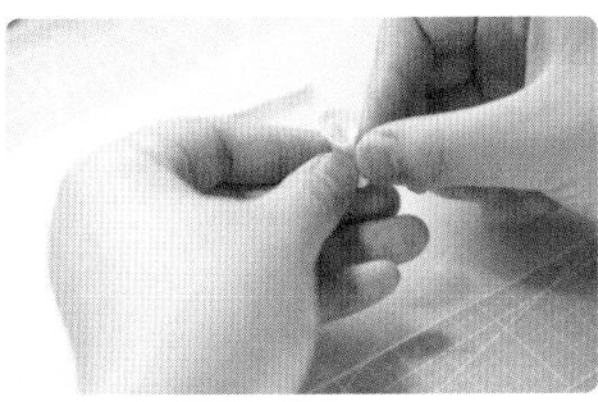

5 卷成马蹄莲花朵的形状，捏长尾端。

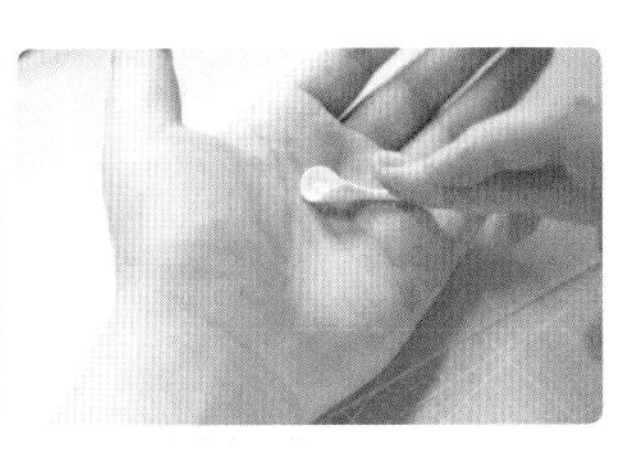

6 将尾端直接揉长，作为花茎。

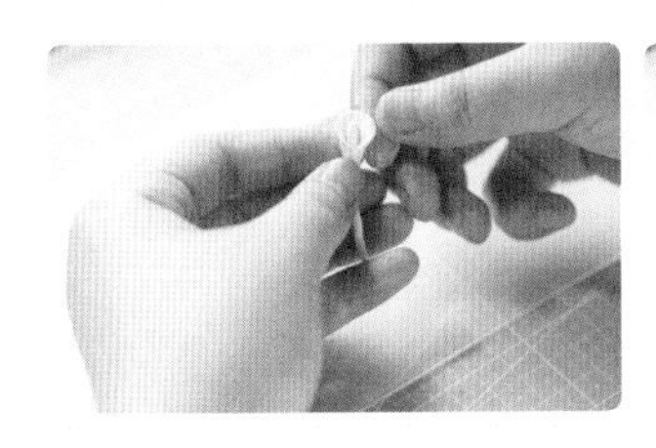

7 调整马蹄莲的花瓣，稍稍向外翻。

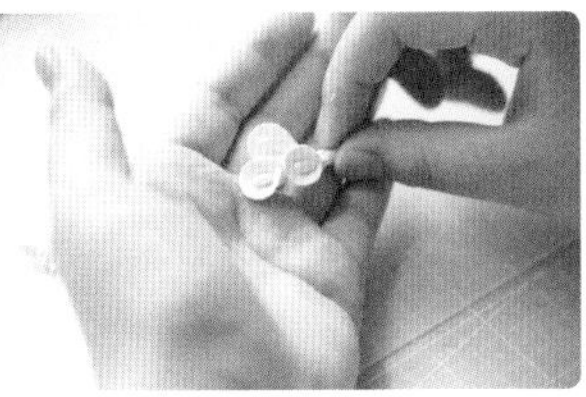

8 把三朵花并在一起，加水黏合，调整其姿态。

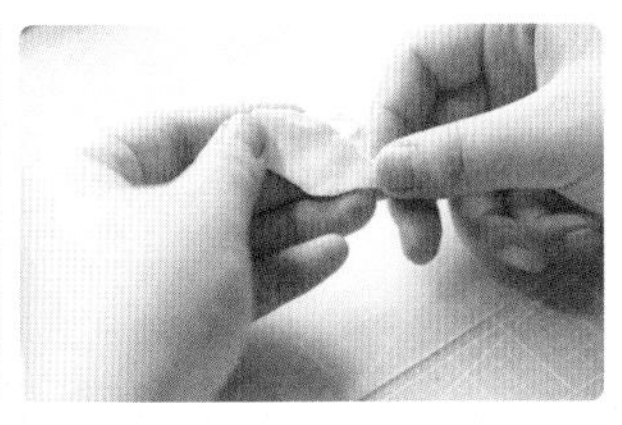

9 捏一片薄片做马蹄莲的叶子。

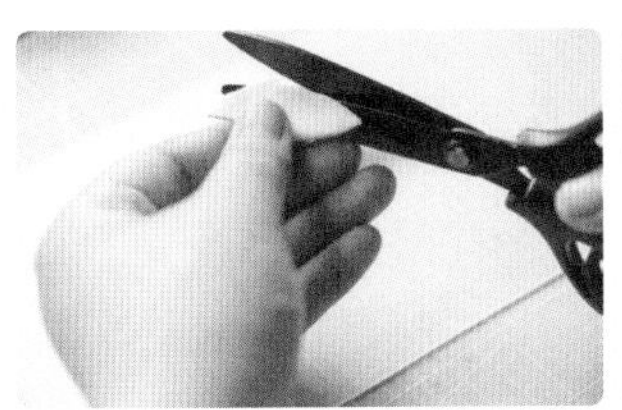

10 用剪刀将叶片的形状修剪出来。

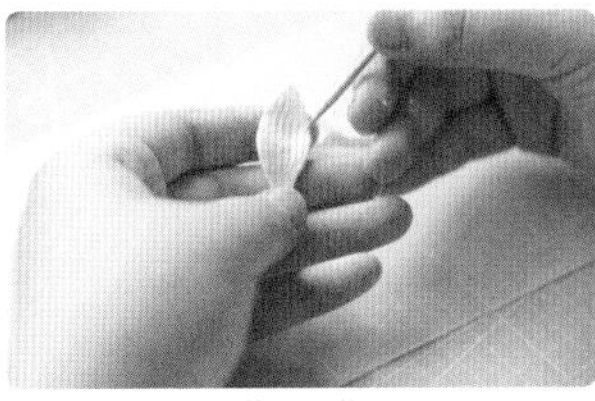

11 用牙签画出平行叶脉。

12 把叶片和花朵都整理好之后，就可以黏合在一起啦！

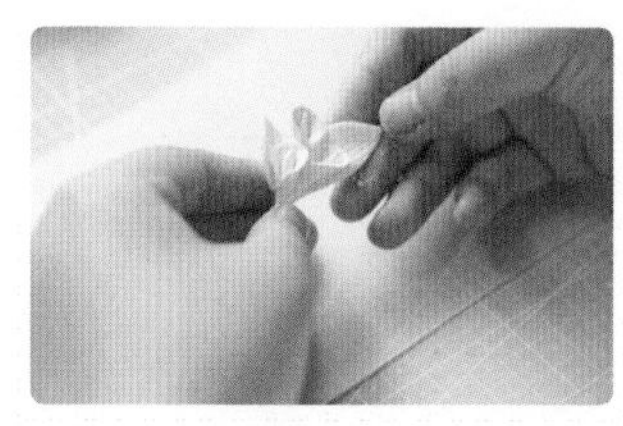

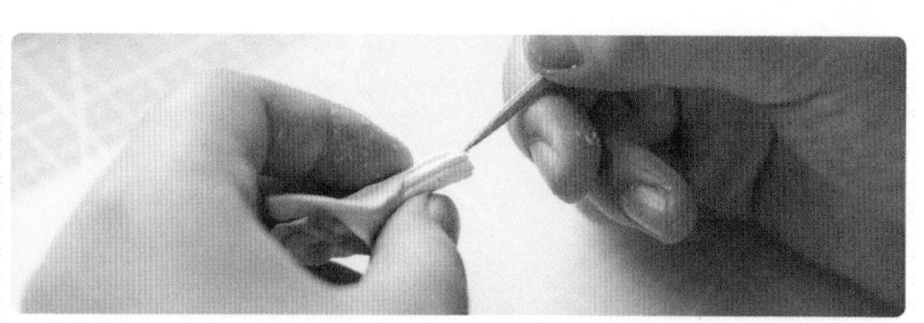

13 蘸水黏合之后，调整形态。

TIPS

蘸水黏合的时候可能会破坏了原本的形状，此时可以再调整一下花茎部分。

打磨

1 用砂纸打磨晾干之后的叶子。

2 打磨一下叶片的边缘。

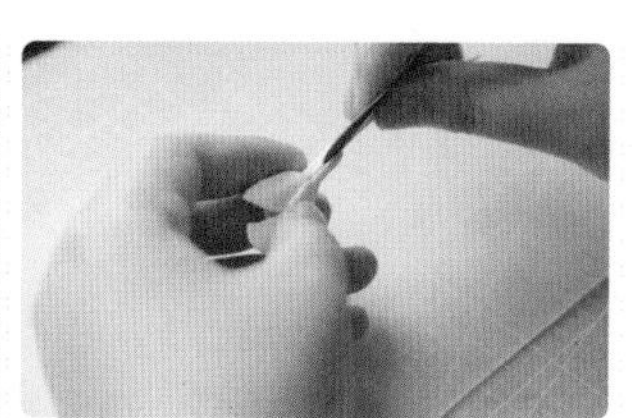

3 细枝可以用钢锉打磨。

上色

1 白色的花可以稍微上一点儿淡淡的蓝色调子。

2 用黄色画花蕊。注意要用很细的笔锋画，不要沾染到白色的马蹄莲。

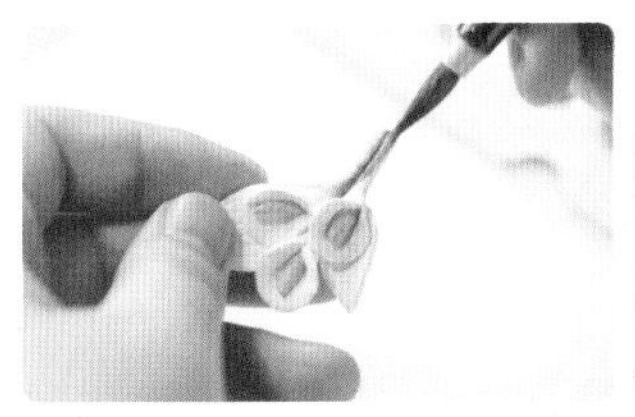

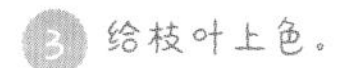

3 给枝叶上色。

4 给叶片上色。要等一部分上色干透了后才能用手拿着叶片。

封油与黏合

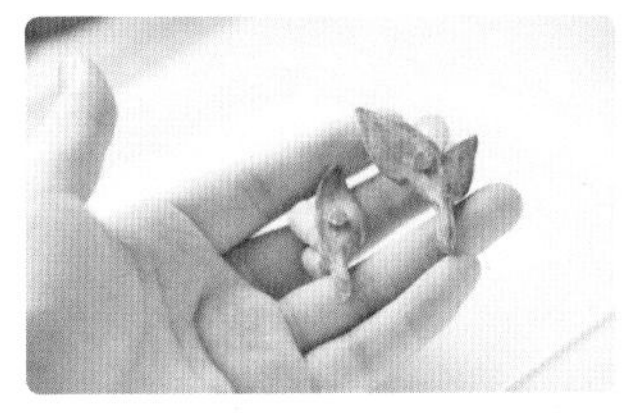

1 用强力胶将磁铁粘在叶片的后面。

2 用细一些的笔刷上光油。

3 ~ 4 正反面分两次刷上光油，晾干。

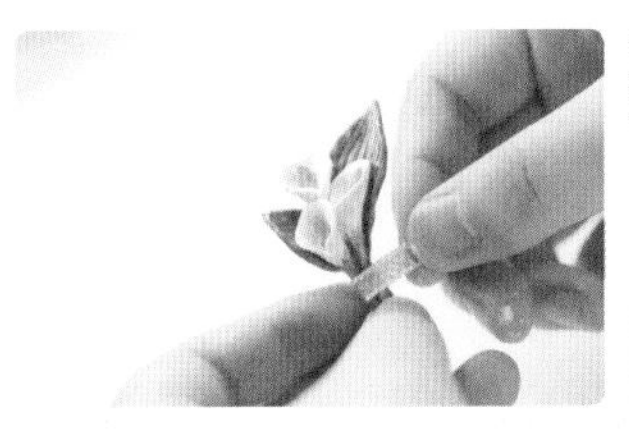

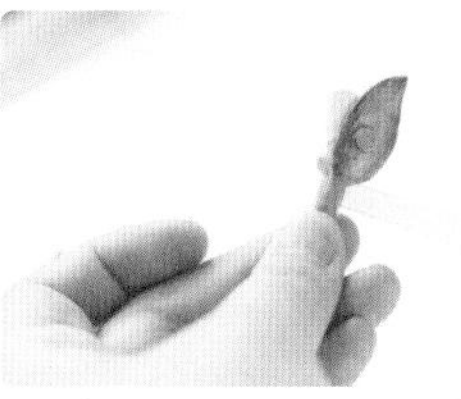

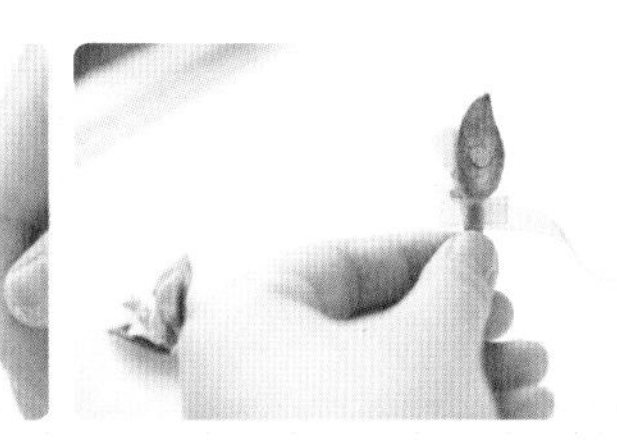

5 在花柄处粘上好看的丝带。

6 也可以用薄纱带多缠几圈，模仿韩式花艺。

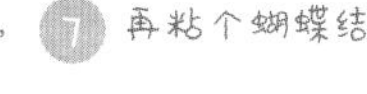

7 再粘个蝴蝶结。

★ 马蹄莲胸针和发饰

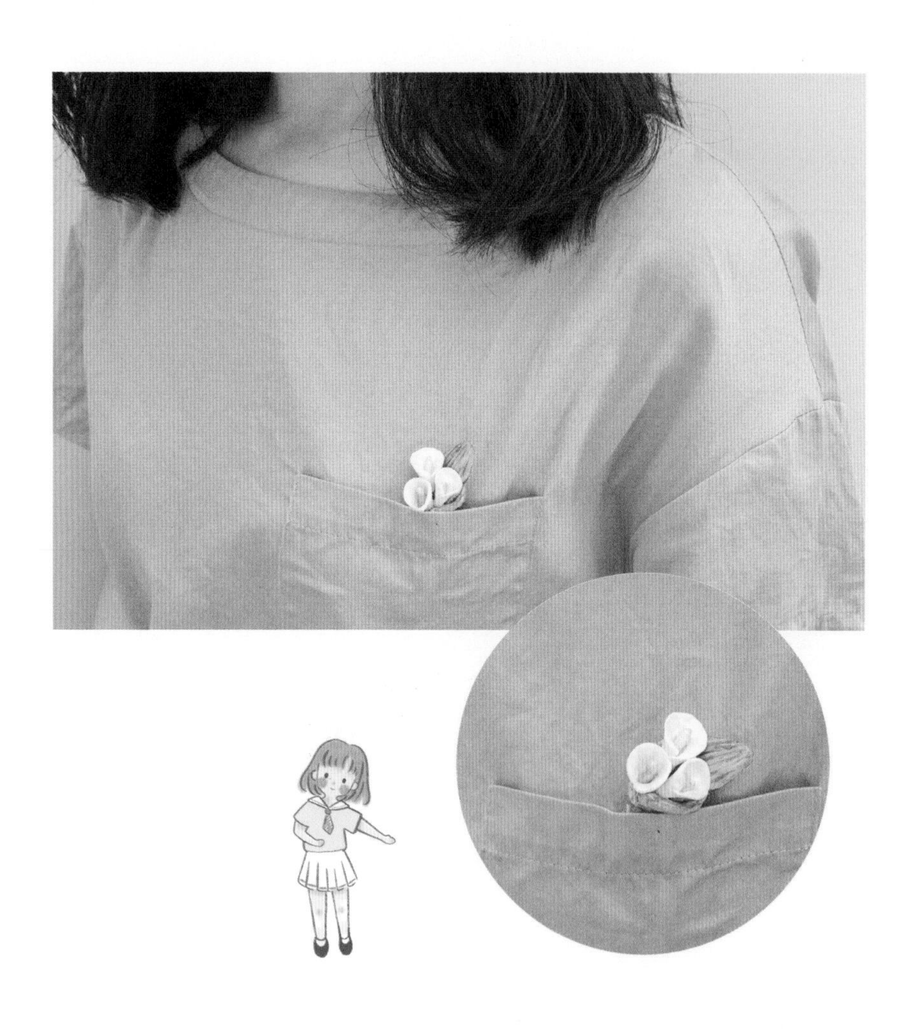

Colorful
story

5.4 蔷薇戒指

蔷薇、月季、玫瑰造型都相似，花瓣重叠。做小花时就不必打磨了。

造型

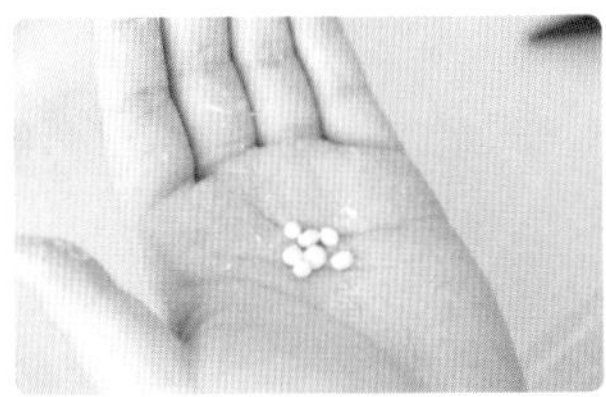

1 取适量黏土，揉成许多个小圆球。

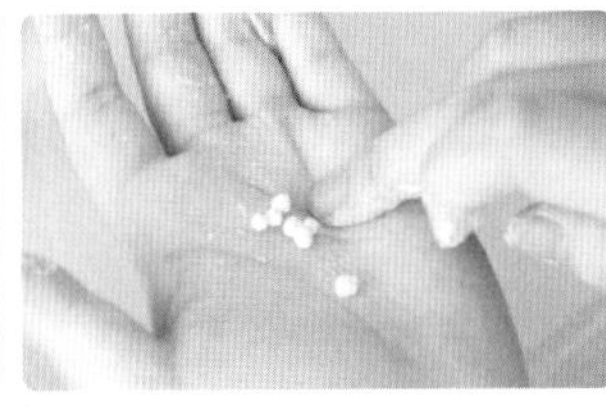

2 用手指直接把小圆球按扁。

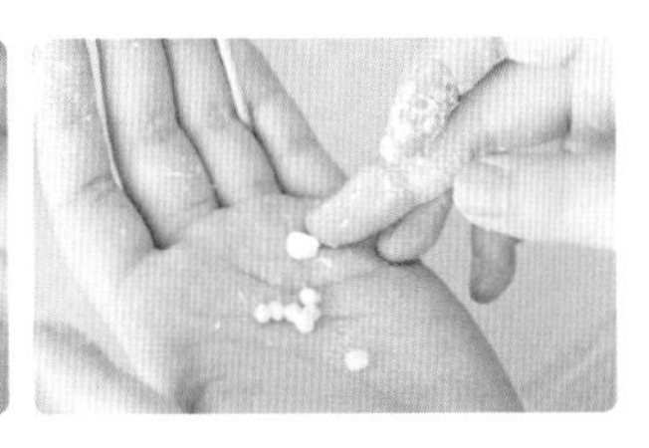

3 一个小圆球是一片花瓣。

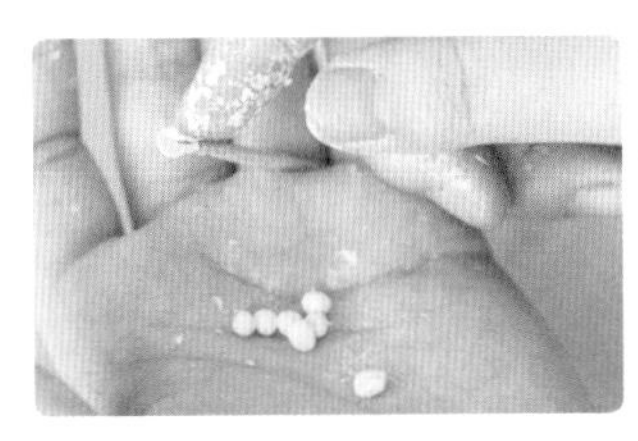

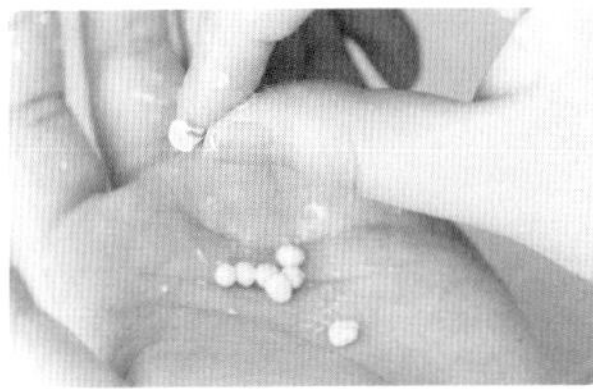

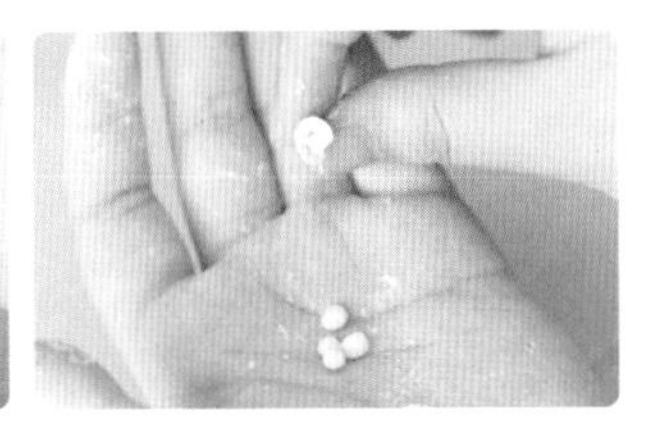

4~5~6 在竹签上从小到大，把小花瓣一片片地安上去。

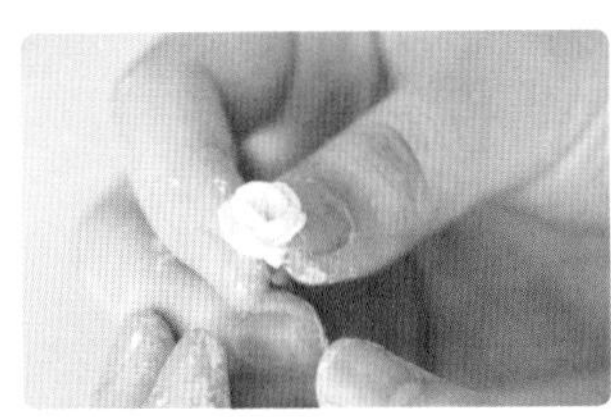

7 调整花的形状。

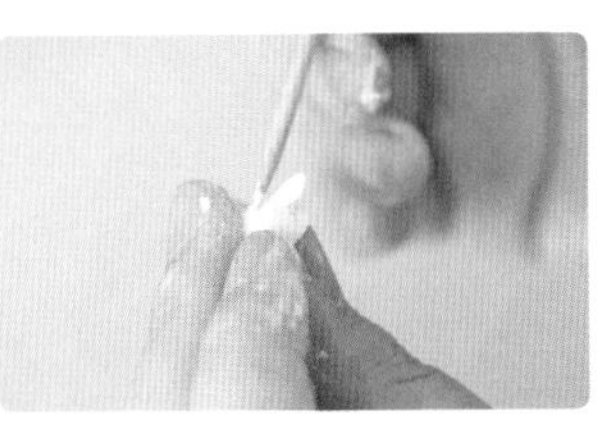

8 做两片小叶子安在花的后面。

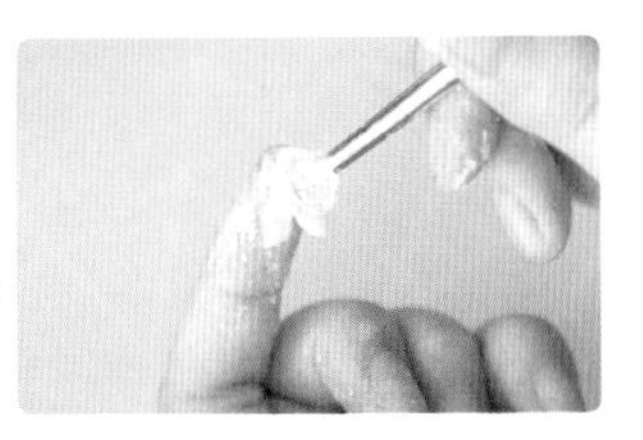

9 正面调整一下形状。

打磨

蔷薇的花瓣很小，不需要打磨。

上色

1 小心捏住叶片，给花瓣上色。

2 可以稍加颜色呈现渐变效果。

3 ~ 4 调一些金色颜料，用在花蕊上。

5 给叶片上色。

封油与黏合

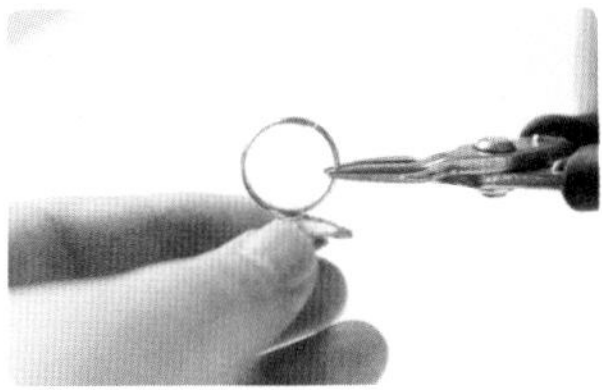

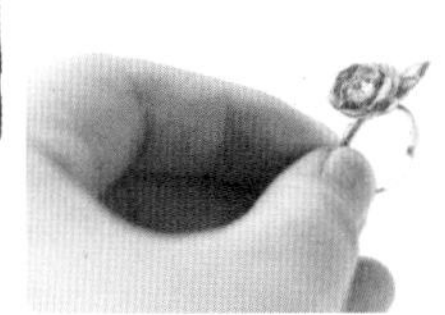

1 用强力胶将带小圆台的戒指环粘在花背面。

2 粘的时候要注意叶片和花朵的方向。

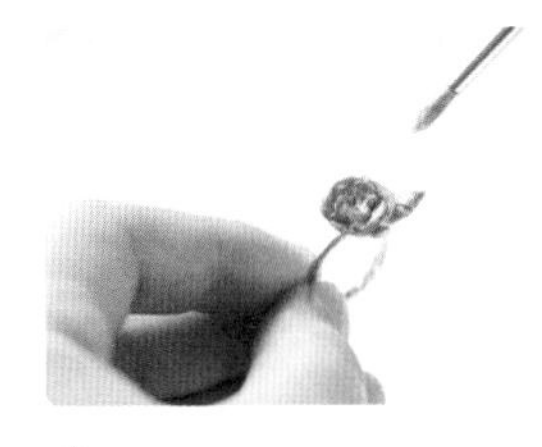

3 用细笔给花朵上光油。

4 将戒指托固定在泡沫板上晾干。

★ 蔷薇耳钉

Pretty
Cute

★ 蔷薇耳钉和小蜜蜂很配

★其他花花草草饰品示例

Beryl

Bread

今天非常可爱

——人物和小动物

终于开始捏小人儿啦！其实捏小人儿和小动物是我比较担心的一项，因为造型很不容易控制，一不小心就捏得不像了，或者不可爱了。捏小人儿一定要耐心，可以多想一些人物造型，我这本书里的示范是戴帽子的小人儿头，希望以后有机会和大家分享更多的造型！冬天的毛呢大衣上，有一个小人儿脸胸针真的超级可爱！这个作品一定不能错过！

6.1 兔头帽女孩胸针

学会了这个兔头帽女孩胸针制作，你还可以尝试做一个自己哦！

造型

1 取一块圆圆的黏土。

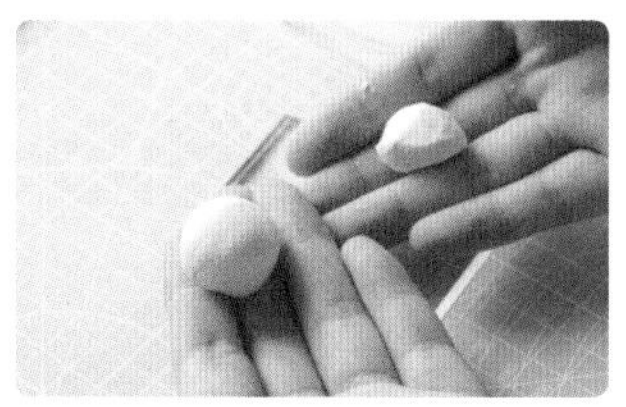

2 分成一大一小两块，分别用来做脸和帽子。

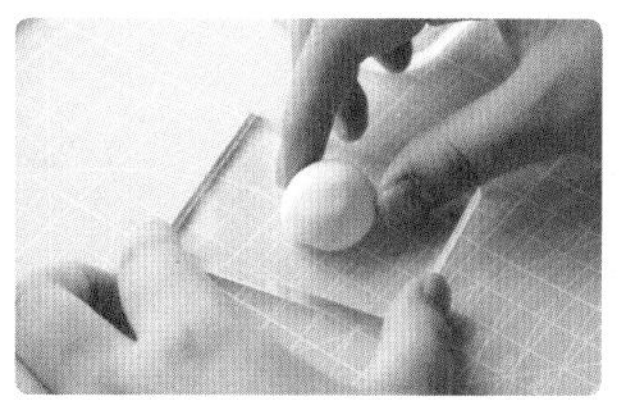

3 在亚克力板上做出脸的半球。

4 在脸上用笔杆滚出小鼻子的形状。

5 调整造型。

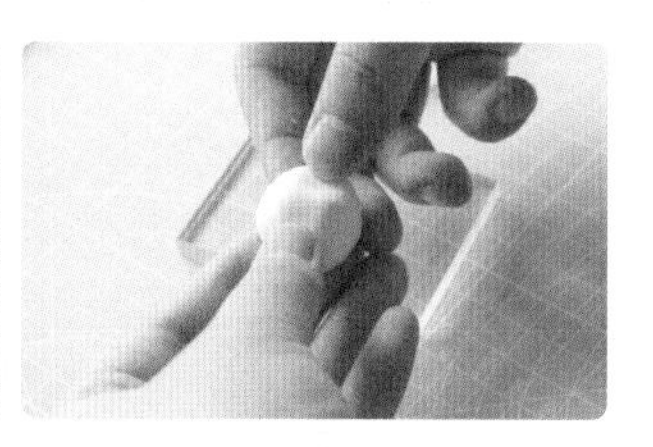

6 捏出眼窝。

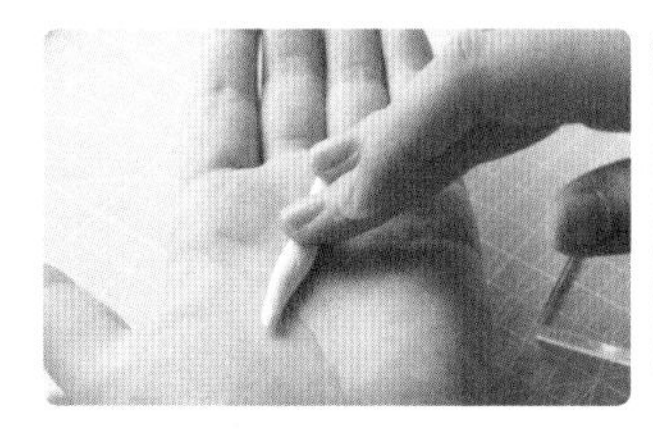

7 开始做帽子。先搓个条。

8 用亚克力板压成一个片儿。

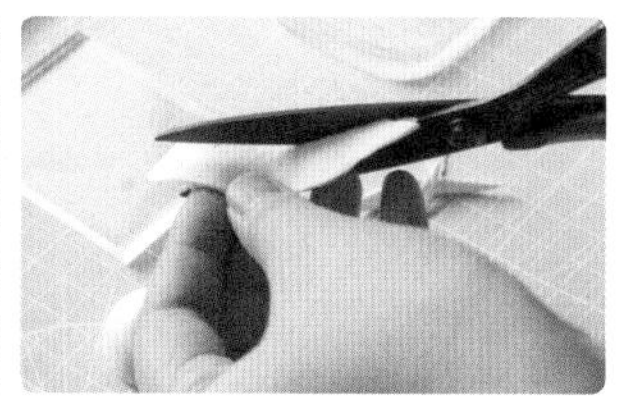

9 剪出帽子的弧度。

人物的塑形是非常不好控制的，我的原则是：捏出鼻子就算一张脸了！我会先做个半球，捏出一个高高的鼻子，然后稍微压出两个小眼窝。其实现在可以买到一些娃娃脸的硅胶模具，但是黏土的材质比较特殊，就算是模具也很难控制——如果水少了，黏土柔软性不够，可能细节压不出来，表面还会有裂纹；如果水太多，取出时又可能变形。总之我更喜欢自己捏的小胖脸。捏脸是一件很让人感到挫败的事情，看起来简单但是一上手很可能捏出奇奇怪怪的东西。不要气馁，多试几次。

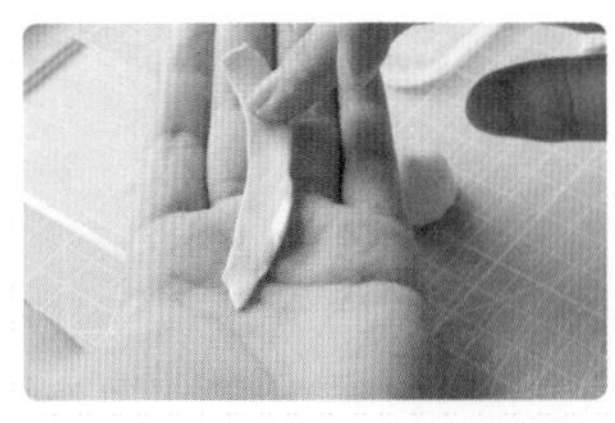

10 在片儿上用手指抹上水。

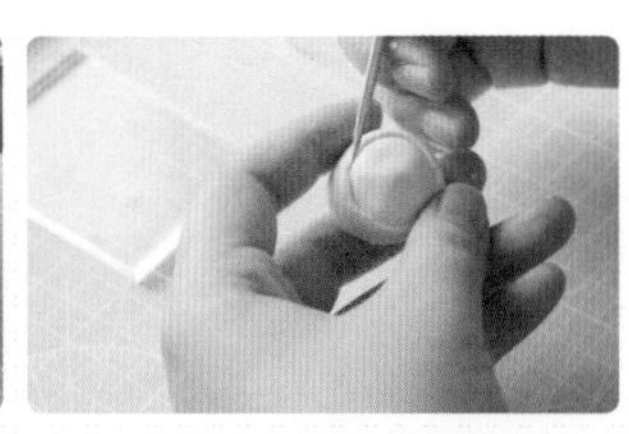

11 把帽子黏在脑袋上之后，用竹签调整一下边界。

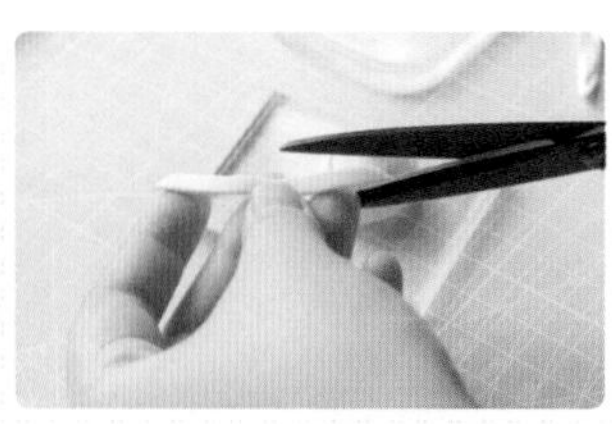

12 再剪一条更加细的片片。

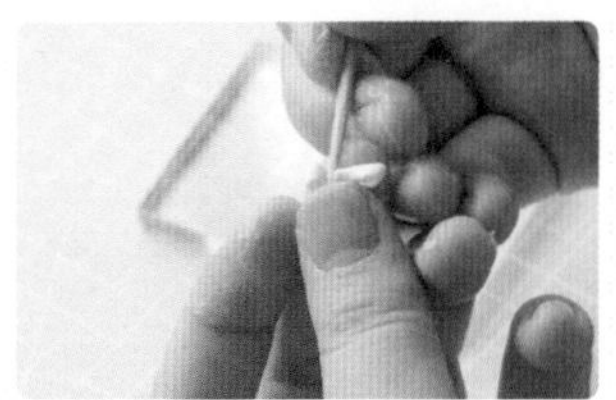

13 折叠起来，用竹签调整出蝴蝶结的细节。

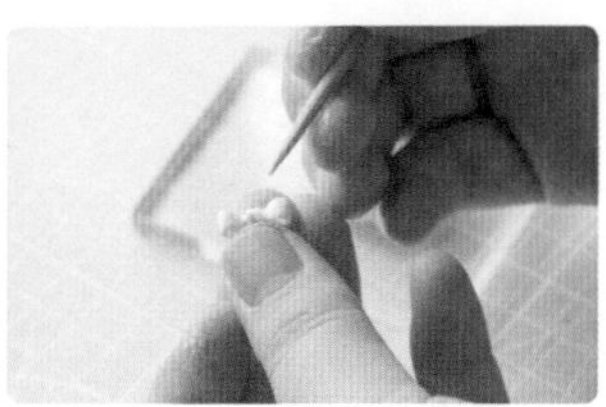

14 一定要很精致哦！

15 用水把蝴蝶结黏在小人的下巴上。

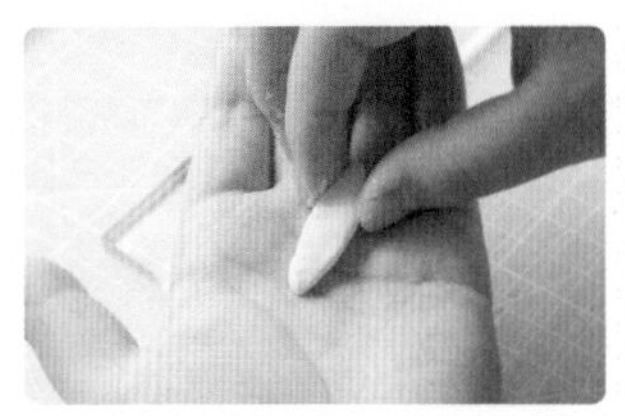

16 再捏一片纺锤形黏土。

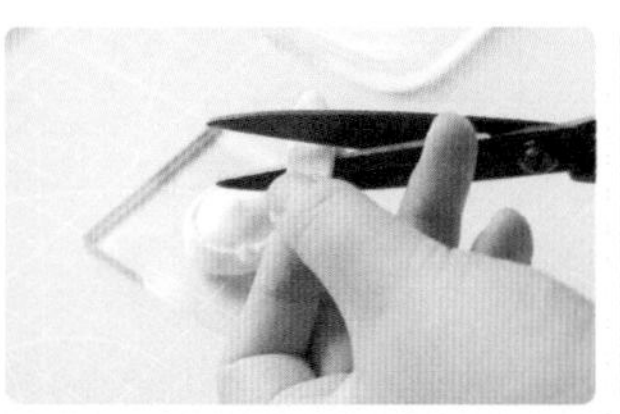

17 拦腰剪断。

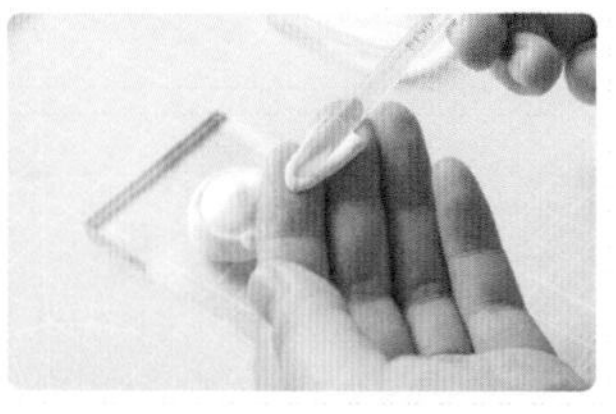

18 用笔杆轧出兔子耳朵的形状。

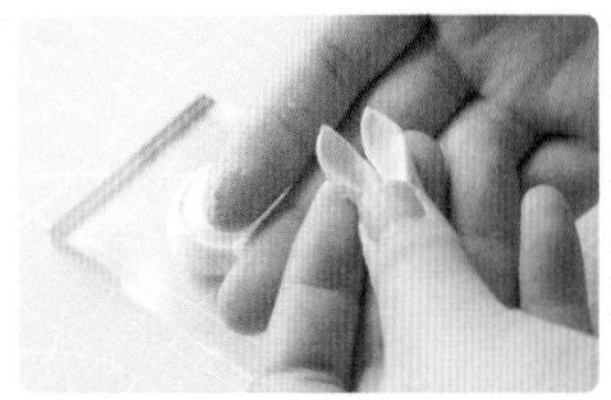

19 捏出两只耳朵。

20 耳朵下面捏成片。

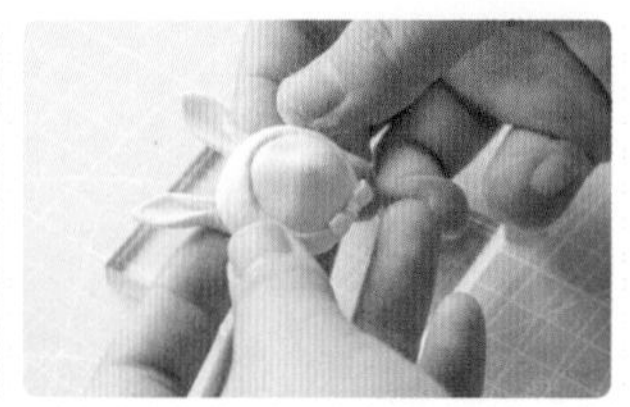

21 安在头的背面。

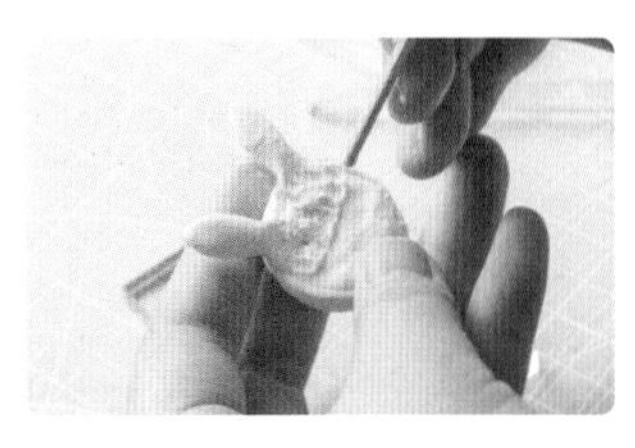

22 为了安装得更牢固，可以加些水，用竹签的平端捣一捣。

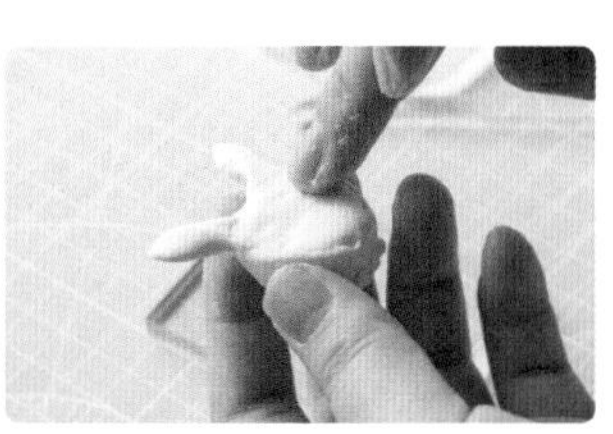

23 再用手指抚平。

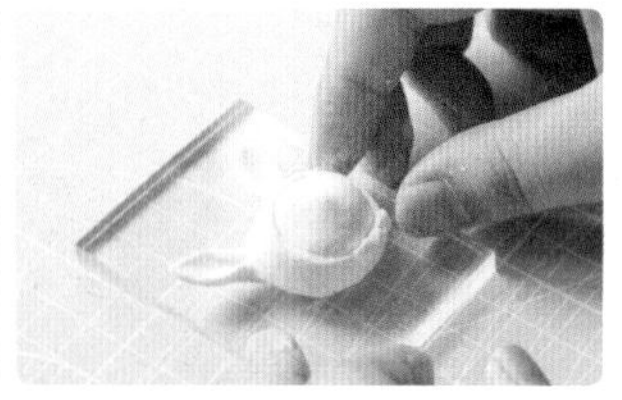

24 放回亚克力板上。

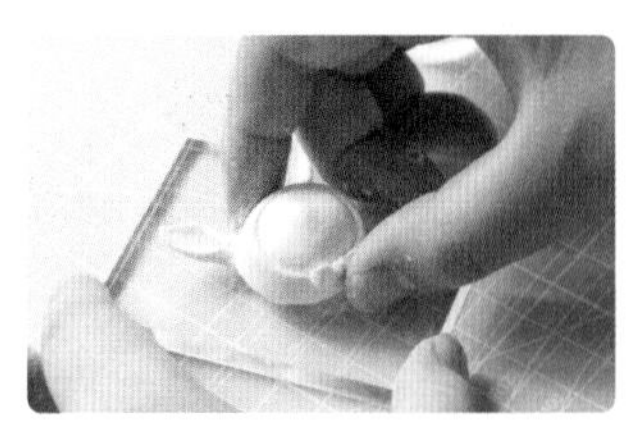

25 旋转一下，把背面磨平。

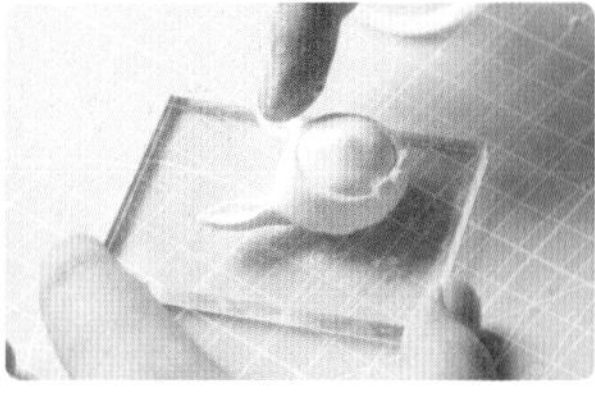

26 在兔子帽子上铺一层水，软化表面。

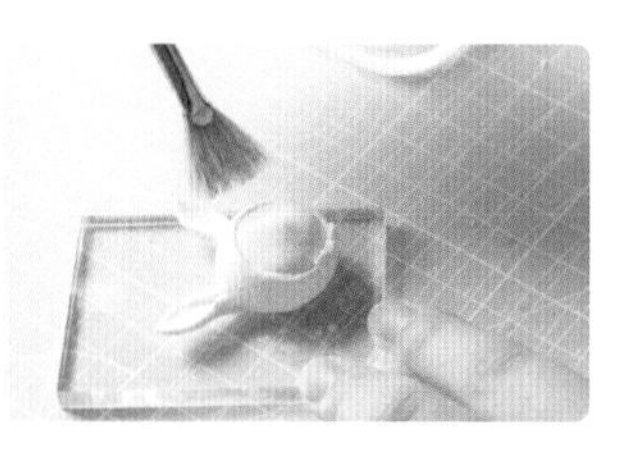

27 用硬质的画笔（我用的是扇形笔）在帽子表面戳出毛绒的纹理。

28 侧面纹理也要小心塑造。

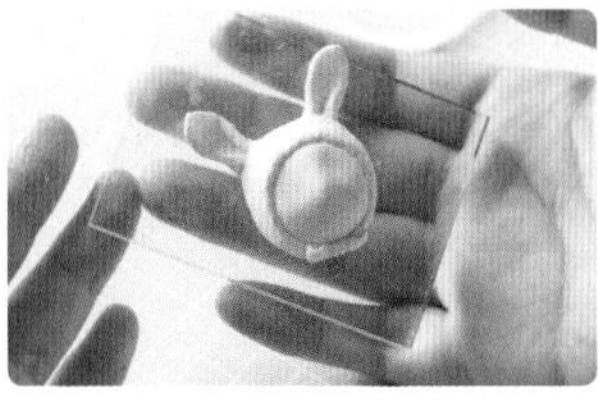

29 放到一边晾干。

打磨

1 准备粗砂纸和细砂纸。

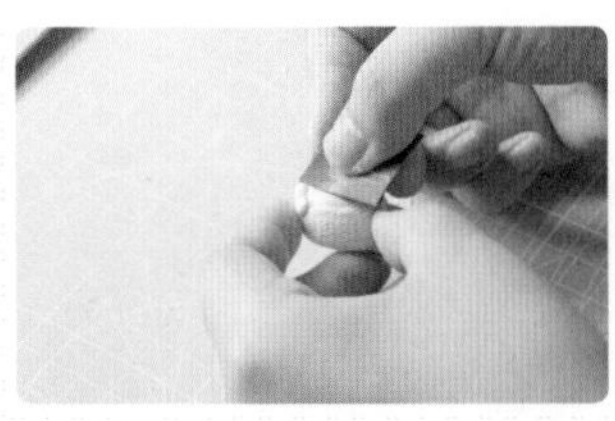

2 用细砂纸折叠起来打磨一下脸部。

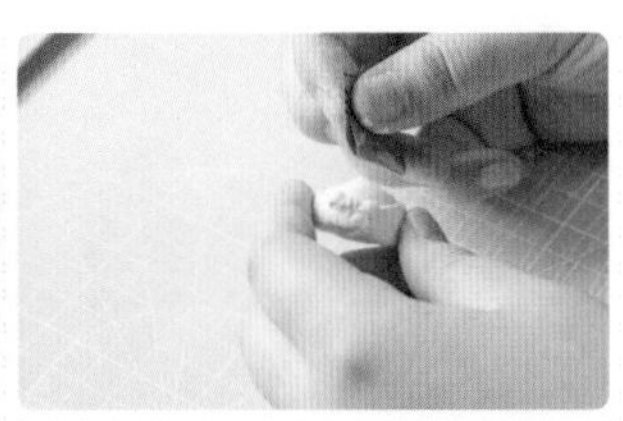

3 注意不要打磨到帽子部分，以免破坏之前塑造的纹理。

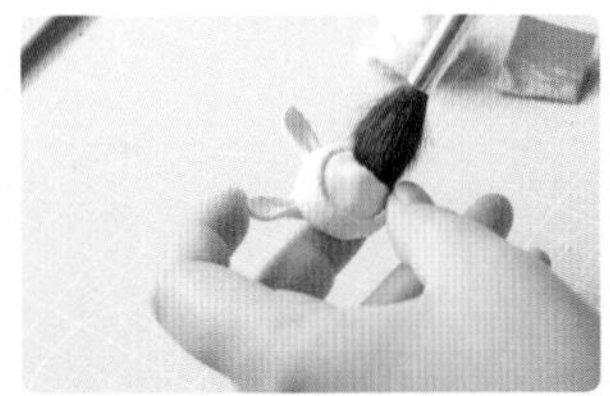

4 打磨完了拿毛刷扫去粉末。

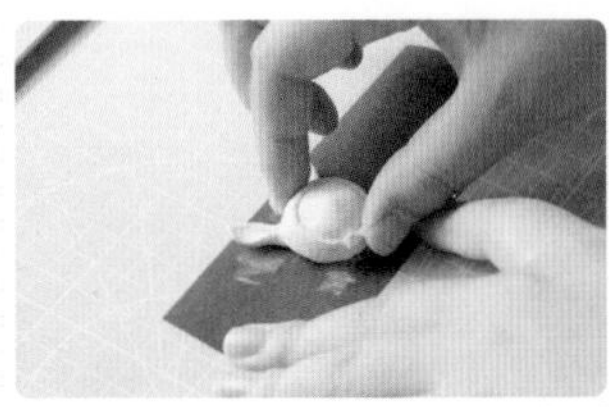

5 在粗砂纸上打磨背部。

6 旋转打磨，如果之前背部不平整，就需要打磨时间久一些。

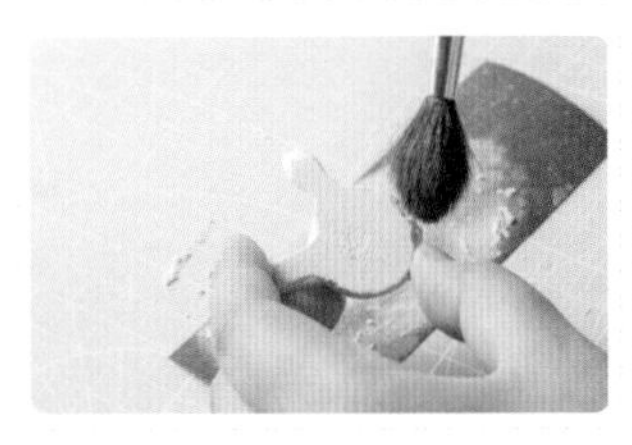

7 直到背部比较平整。

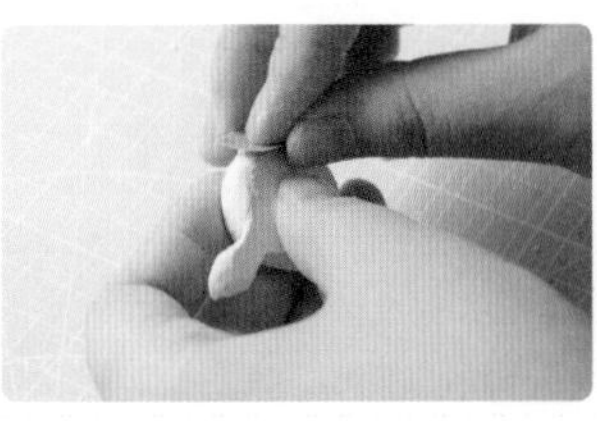

8 用粗砂纸调整背部的边缘。

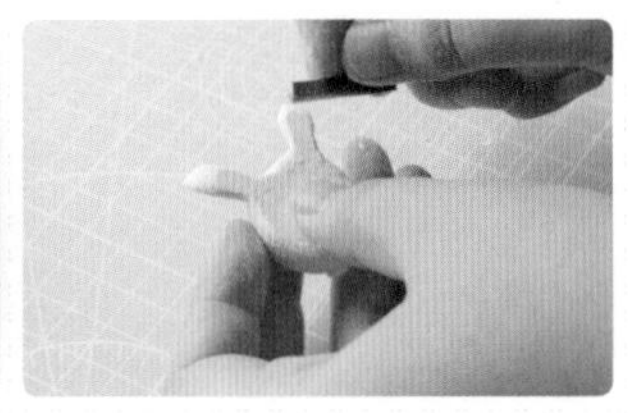

9 主要调整过渡部分。

上色

1 先上一层肤色。可以用柠檬黄加红色，加一点点紫色，再加白色调出来。

2 给帽子上浅粉色。

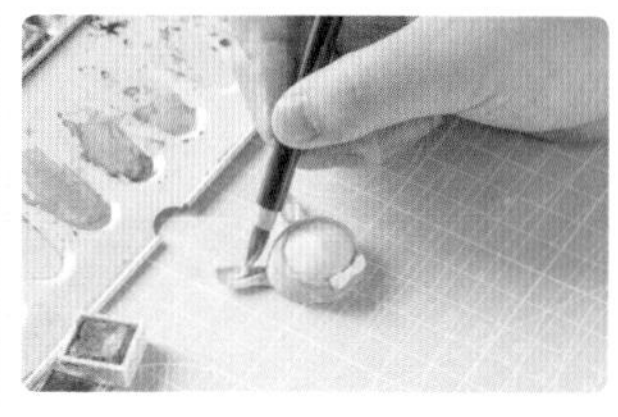

3 在兔子耳朵里划出一道白色。

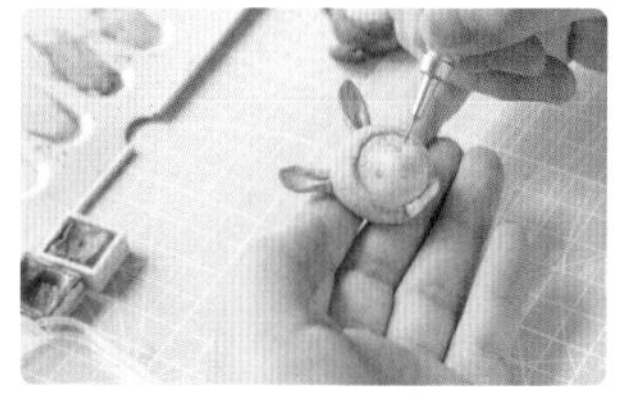

4 用铅笔画出小人的五官，轻一点，如果不满意的话可以轻轻用橡皮擦掉修改。

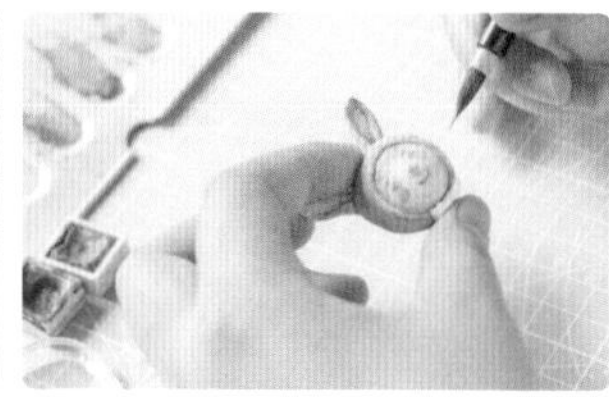

5 用橙红色渲染一下五官。和画画差不多，具体就是在鼻头、眼角、脸边缘和腮红位置画上一点红色。

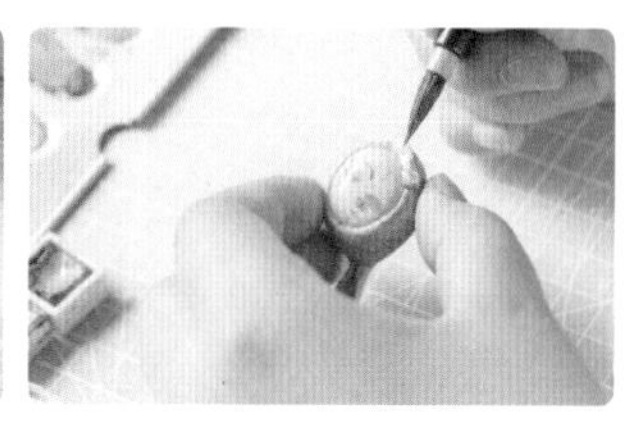

6 仔细地给蝴蝶结上色，我选了明亮的黄色。

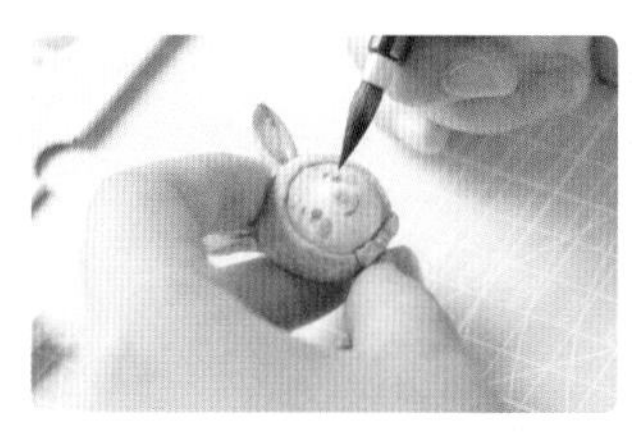

7 然后上深色的五官和刘海儿。

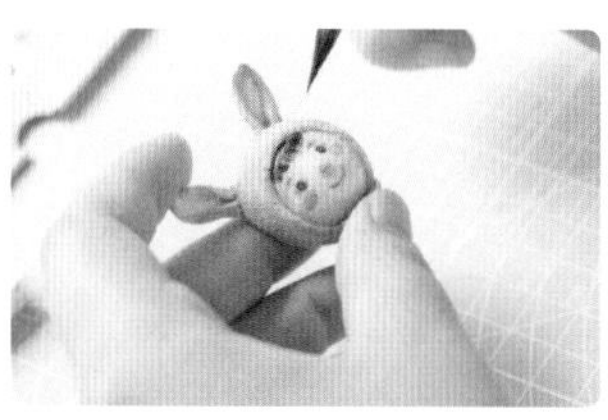

8 上黑色时一定要非常小心，不然会把脸弄脏。

黏合与封油

1 上油之前我突然想到用白色笔在腮红和鼻尖画一点高光，很可爱的。

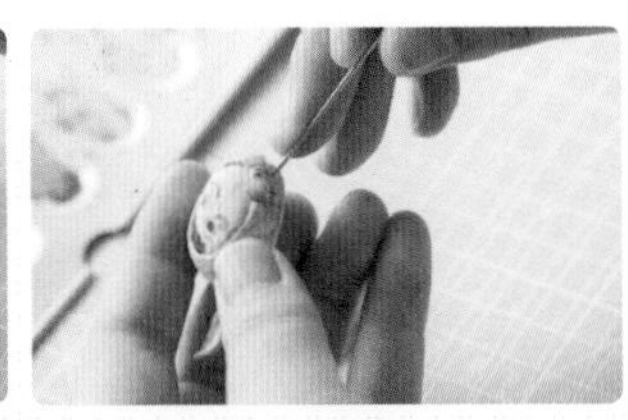

2 用粗一点的针在底部戳一个眼。

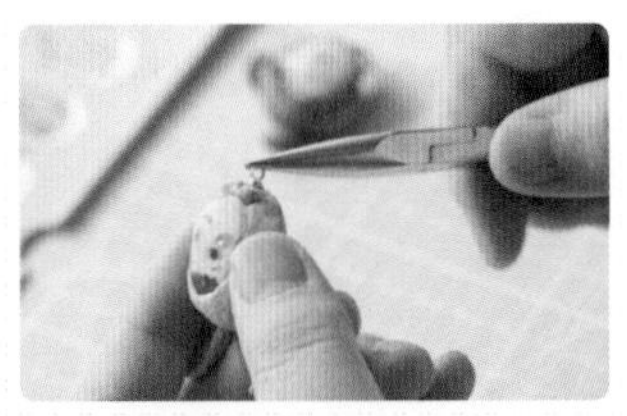

3 用强力胶黏上一个坠头。并不是要把小人倒着挂，而是我突然觉得在下面吊一个小珍珠比较可爱。

4 安好配件之后就整体刷一遍保护漆。为了保留脸部和帽子的质感，我用了消光油。

5 装上珍珠。

6 用强力胶黏好背后的胸针配件。其实这个造型也很适合做成夸张的耳夹。

7 我做了一对胸针，其中一个是戴小熊帽子的男孩。

Show Time!

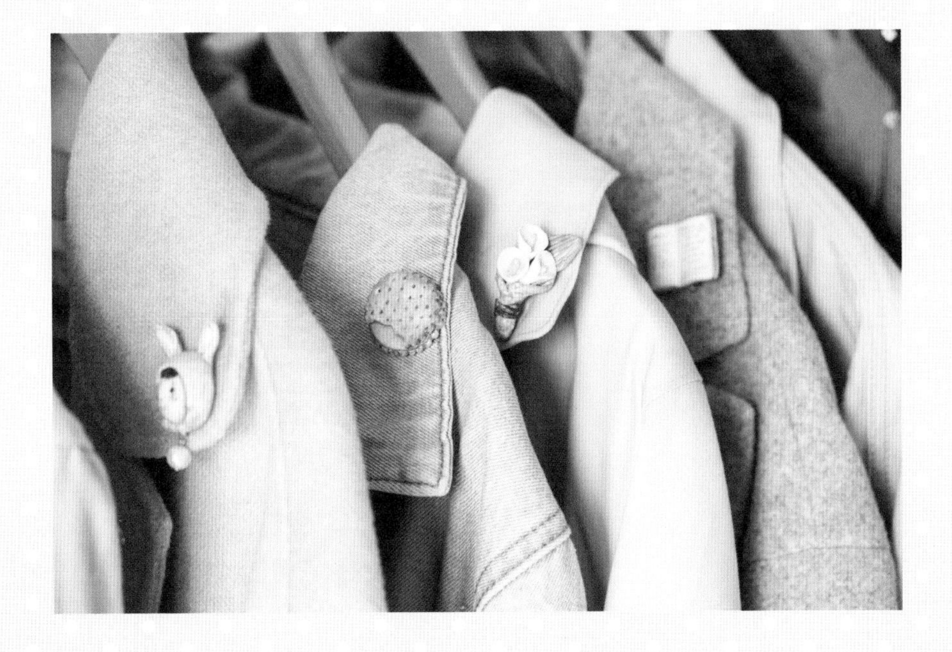

这是一个附赠小单元，是我较早捏的作品，之前也在网上和大家分享过。我个人的经验是，只要多看多捏，捏着捏着就会捏到想要的效果。造型能力嘛，捏着捏着就有手感了。这个小狗我觉得太可爱了，所以还是想放进书里。虽然被朋友指出它的屁股有点扁，但请大家忽略这一点吧！

6.2 小柴犬摆件

送你一只狗狗！

小柴犬摆件制作步骤

造型

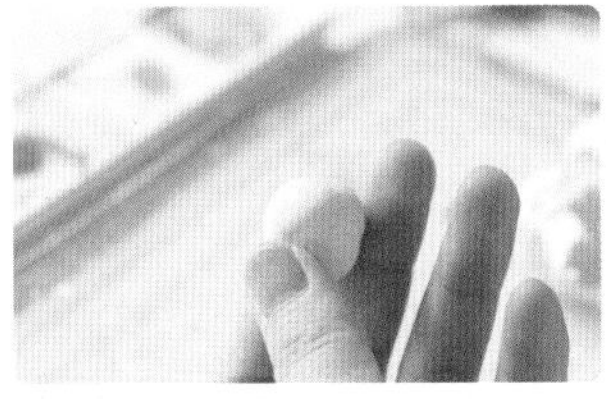

1 揉一个小球做脑袋。

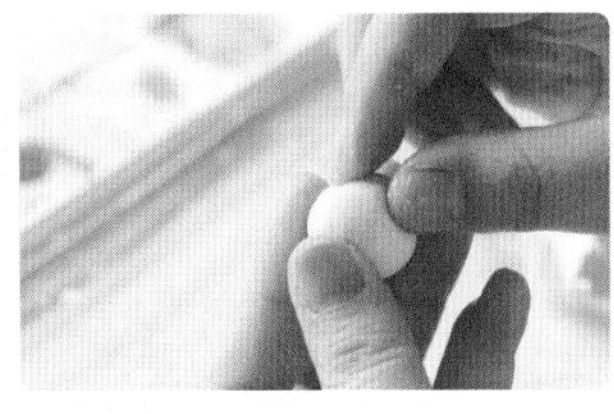

2 捏出鼻子的大概形状。一定要多看柴犬本身的造型，柴犬的鼻子和嘴巴是整体突出来的。

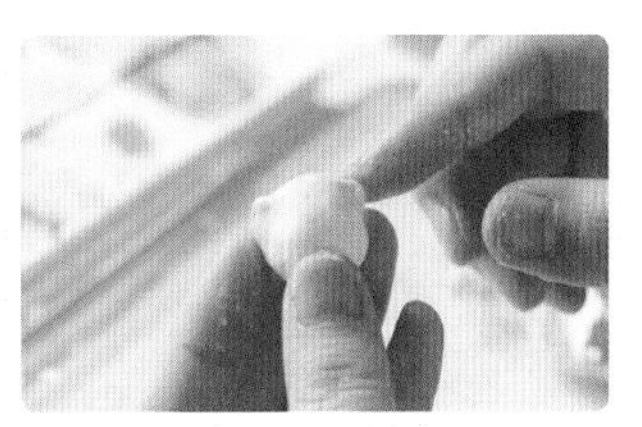

3 捏耳朵。

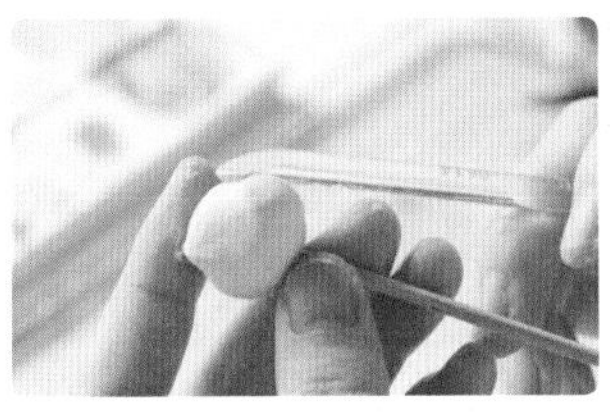

4 用工具进一步造型。我用了一支画笔的笔杆，它有一个尖锐的圆弧棱，用着很顺手。

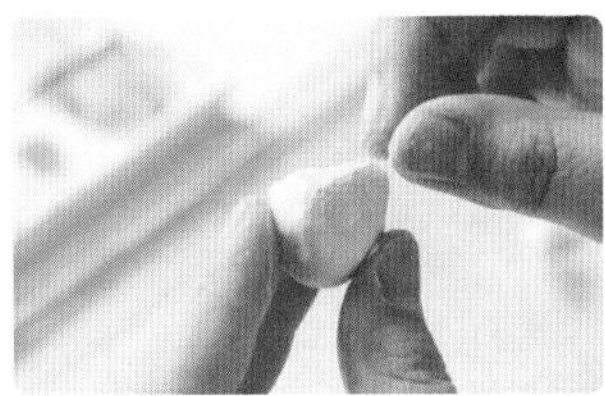

5 鼻子还不够长，再捏捏。

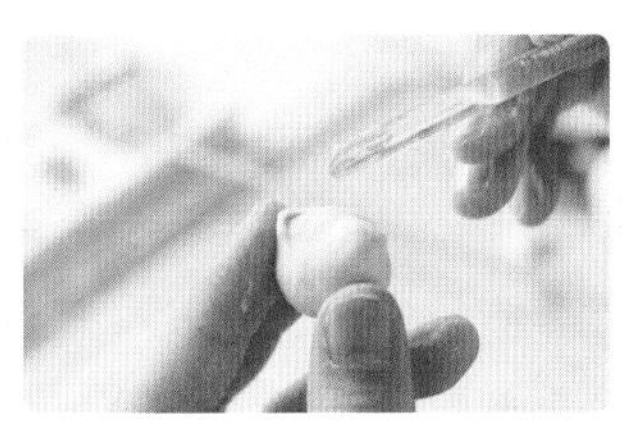

6 掐出耳朵的线条。反反复复地修整，小脑袋就出来啦！

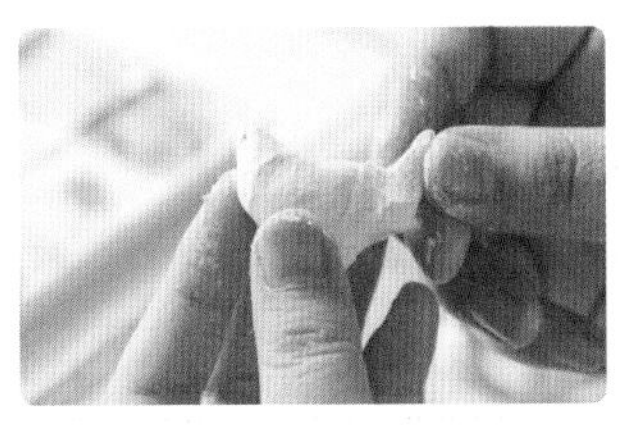

7 捏小狗的身体，先把躯干的形状捏出来。我做的是一个蹲坐的小狗。

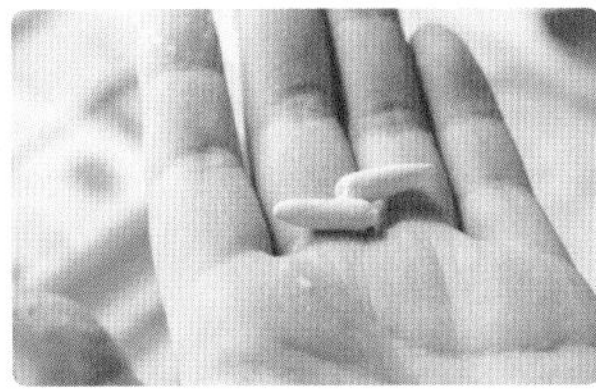

8 取两小块黏土揉成小圆棍。

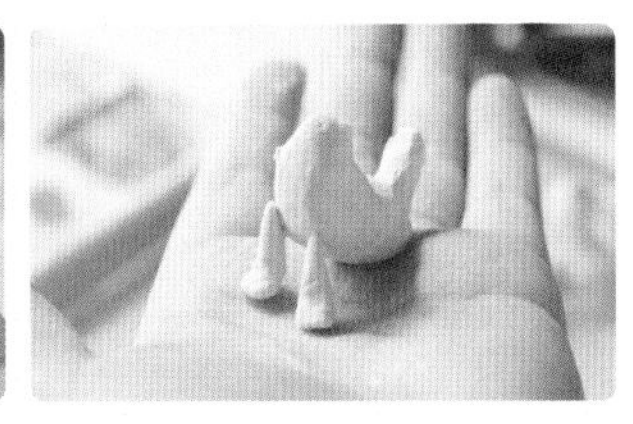

9 试一下前腿和身体是不是合适，比如发现腿太长了就可以先去掉一些多余的黏土。

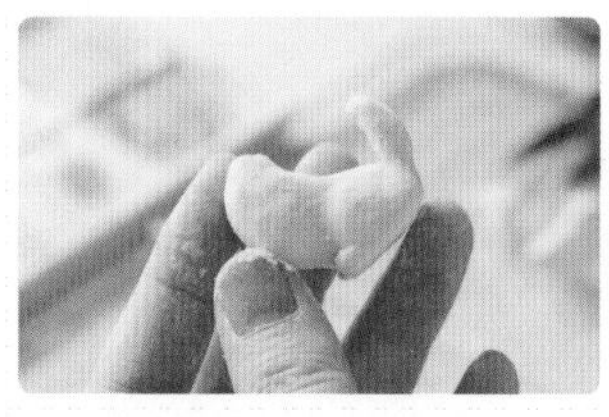

10 完善一下身体的形状，安上一个小尾巴。

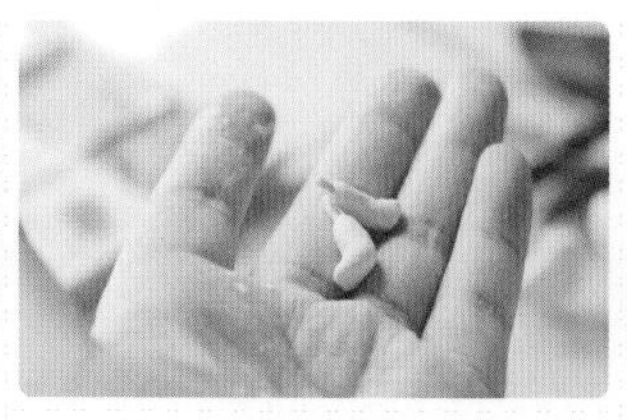

11 把前脚的形状捏出来。为了更好地安装，我在里面插了一节短牙签。大家也可以用金属丝。

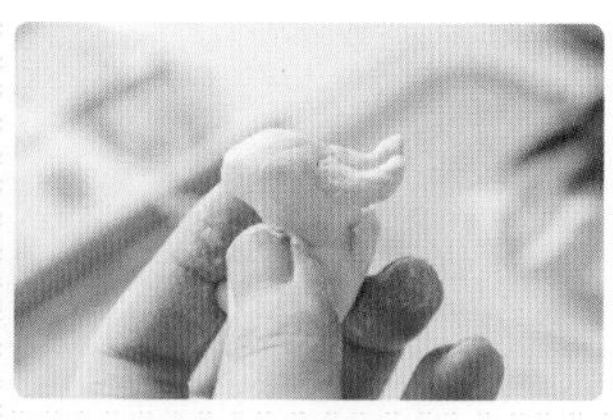

12 把露出的一小截牙签插进小狗胸脯的位置。

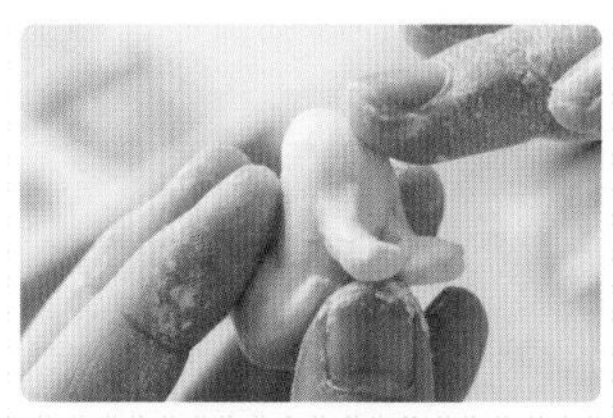

13 用指腹蘸适量水，在连接处软化黏土，并不断地磨合，让连接更自然。

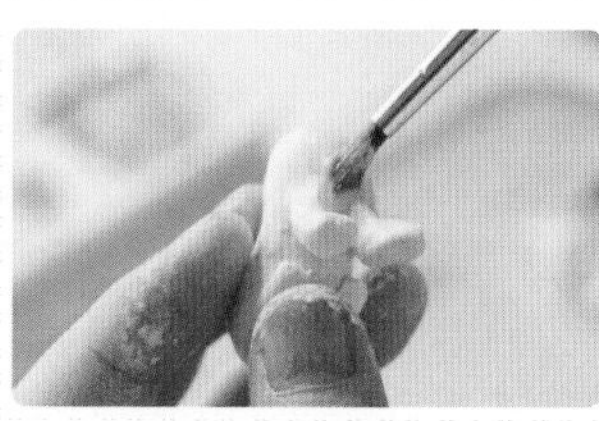

14 手指处理不好的细节可以借助小号画笔。

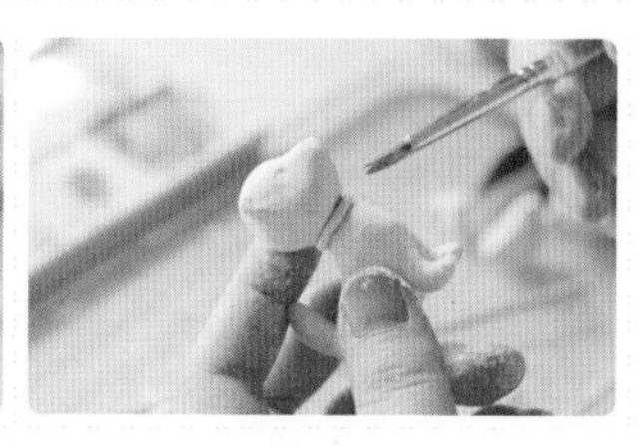

15 用同样的方法把小狗的脑袋和身体连接起来。这个连接处可以偷懒了，因为小狗会戴狗圈，搓一条细细的黏土围上去就好啦！

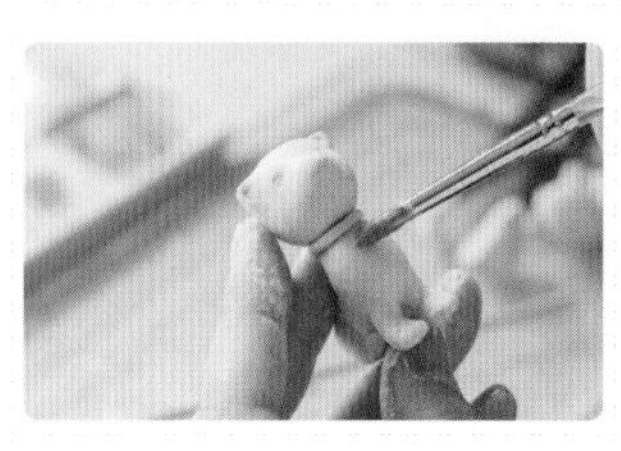

16 继续用画笔蘸少量水调整细节。

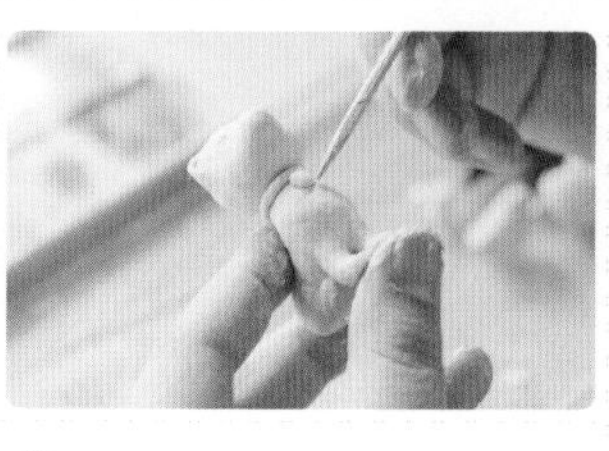

17 捏一个小圆饼做小狗牌，蘸水固定在它的项圈上。

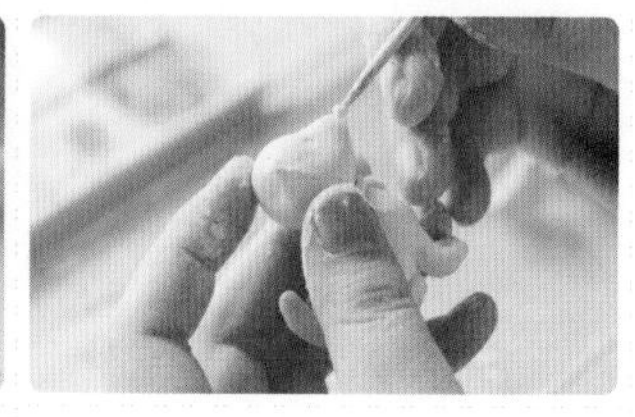

18 继续刻画脸部细节，安上小鼻子。

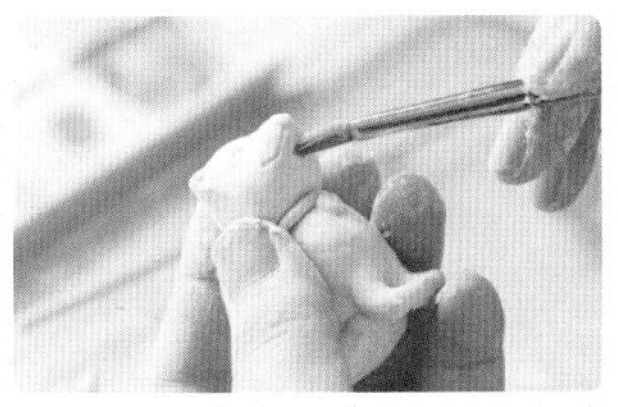

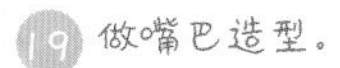

19 做嘴巴造型。

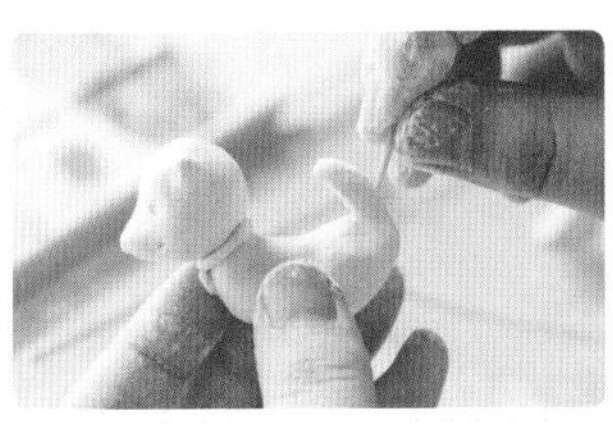

20 感觉尾巴的连接有点弱，怕断，我也插了一根小短签。

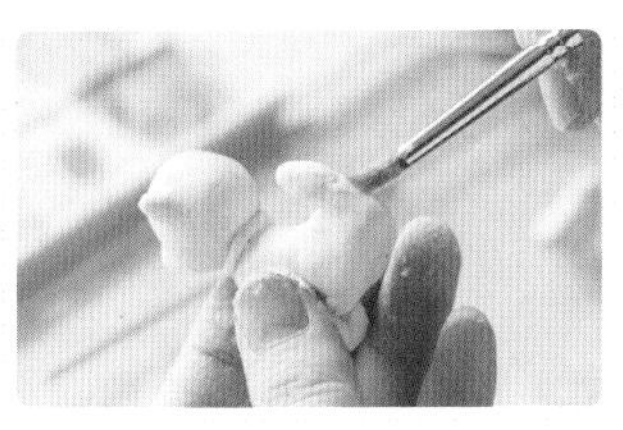

21 插进去之后把缺口闭合填补好，恢复到原来的样子。

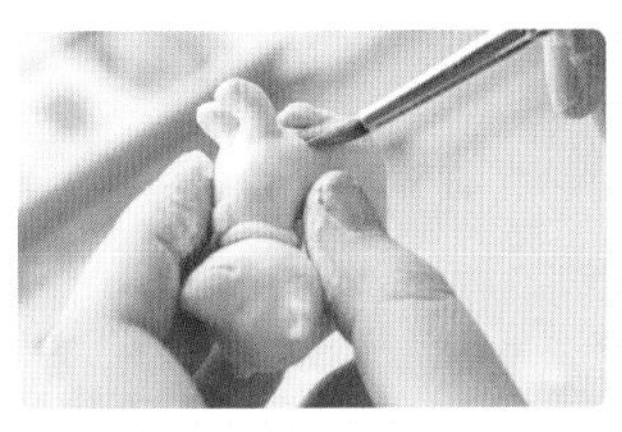

22 再调整整体形状。

23 晾干。

打磨

1 小狗在造型的时候已经用画笔抹得比较平整了，没有太多需要打磨的地方。像小动物这样的题材，用毛刷处理表面会比打磨要更合适一点。

2 用大毛刷处理一下表面的浮粉。

上色

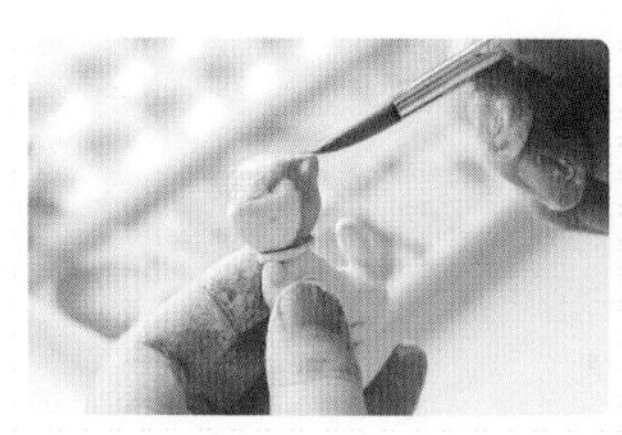

1 用黄色、橙色、赭石色调出柴犬的颜色，用小号的画笔上色。

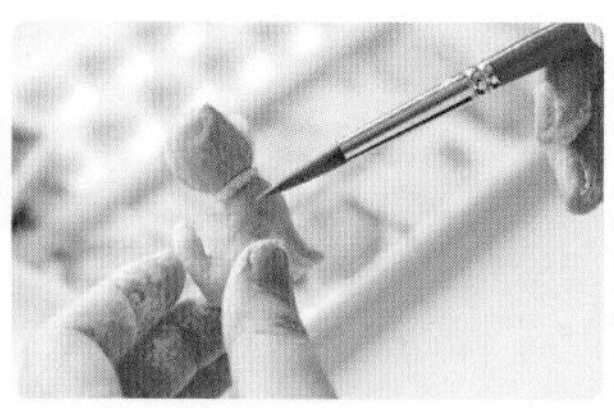

2 一定要多看图片，注意柴犬的毛色分布。

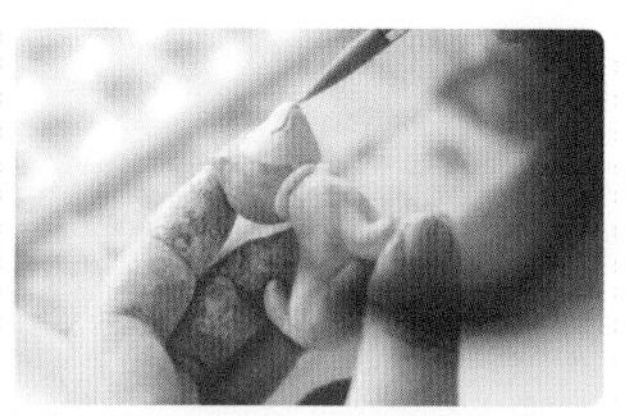

3 画完体色之后开始画细节，嘴边的毛色稍黄一点。

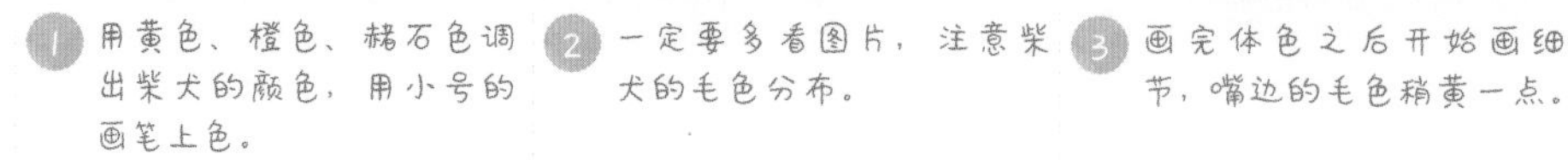

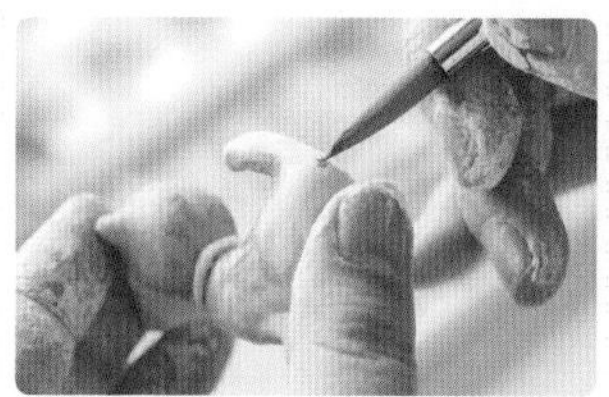

4 画棕色的屁股。

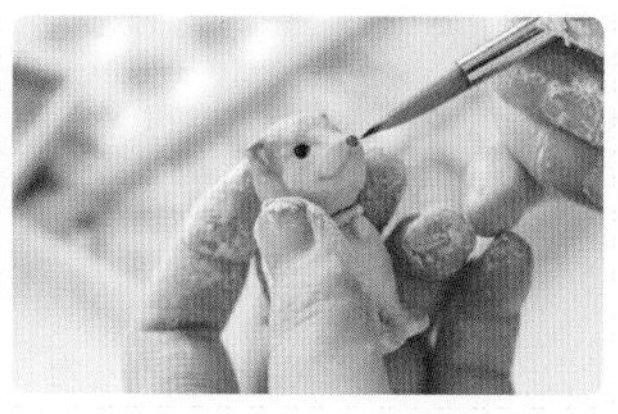

5 画棕色的鼻子，黑色的眼睛。

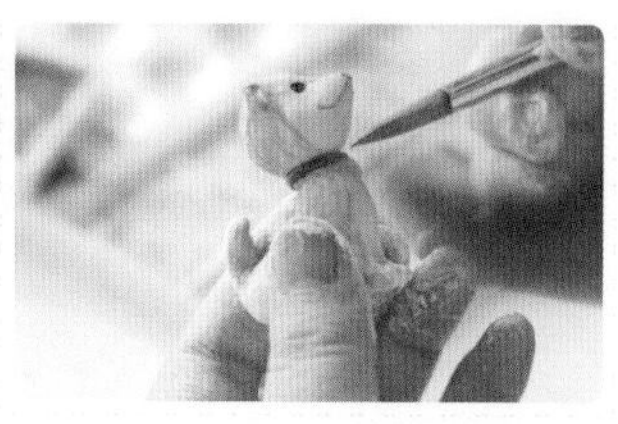

6 画一下项圈。这里要注意，一定要用锋聚比较好的画笔，不然很容易就画到小狗的脖子上，显得很脏。

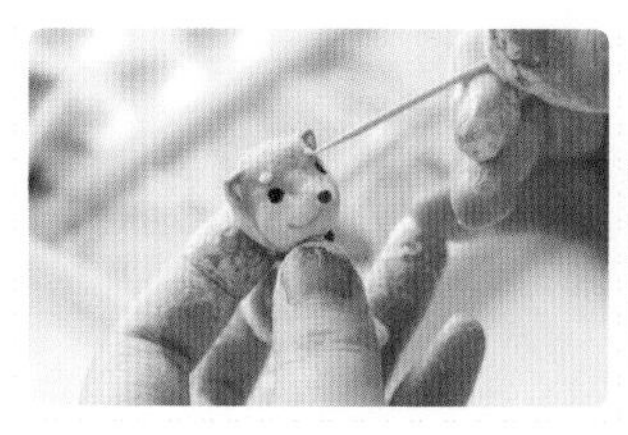

7 我特地把小狗的眉毛放在最后贴，柴犬白色的眉毛也是标志性的。

8 在小狗牌上写字。

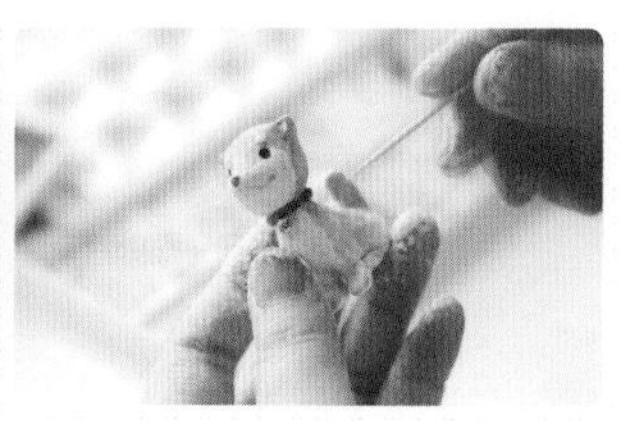

9 修饰细节。

10 晾干。

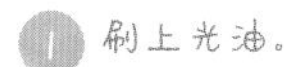

封油与黏合

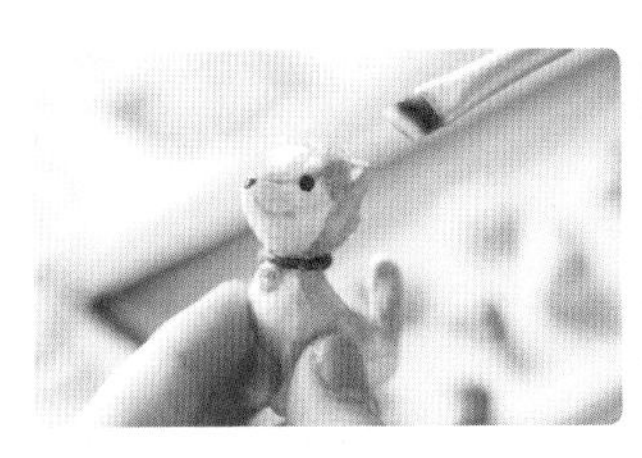

① 刷上光油。

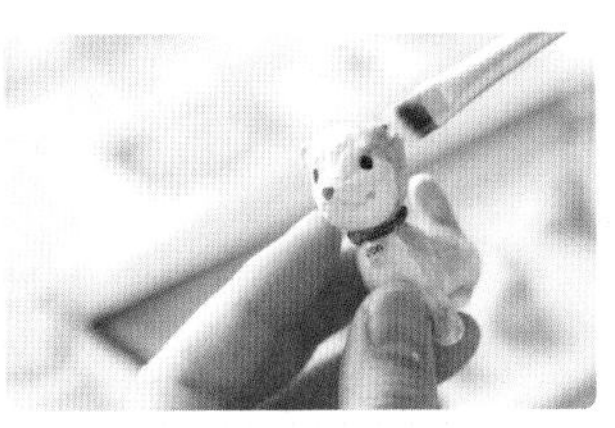

② 分多次给小狗全身都刷上光油，要等干透再刷下一层哦！

Gift

后记

在这本书的创作期间，我先后完成了英语专八考试、毕业论文答辩、珠宝首饰研修班结业、搬家、初入职场……回想起来真是一段丰富的时光呢。感觉编辑大大已经习惯了凌晨三点收到我的邮件。一开始坚持自己完成全部拍摄、写作工作的时候，真的没有想到后期整理和编辑的工作量这么大。

但是还是很幸运的啦，很多作品都是在“拖延”的过程中突然产生的灵感，因此，目录都调整过很多次。

我从中学时代开始，朋友就非常多，因为做我的朋友的话，总是会收到各种各样有趣的东西，所以我也因为手工这个技能变成了一个真正有趣的、招人喜欢的人。不可思议吧！在完成学业和初入职场的档口，我也充分感受到坚持爱好是非常难能可贵的事情。我们的生活被太多琐事和压力支离了，而自己的心中所爱将我们重塑。我相信喜欢玩黏土的人应该都是没有丢掉童心和创作欲的，既然都要变成大人，那就努力变成不那么无聊的大人吧，一直创造有趣的东西吧！

希望你玩得开心！如果做了有趣的作品，可以来微博私信或者“艾特”我，期待大家的脑洞啦！

我的微博：@Beryl_锦煜